책 구매 인증 및 나눔CBT 아이디 등업 방법

신기방기 산업안전산업기사 책 구매 인증 혜택

1. 책 내용 그대로, **나눔CBT 프리미엄 모드**
2. 작업형 **고득점 비법 영상**(네이버카페)
3. **과년도 기출 + 최다빈출 자료** (네이버카페)

신기방기 산업안전산업기사 책 구매 인증 방법

1. 나눔CBT 사이트 가입합니다.
   www.nanumcbt.com

2. 나눔출판 네이버 카페 가입합니다.
   cafe.naver.com/singibanggi1001

3. 인증서 작성란을 기입한 후 이 페이지 전체를 카메라로 찍어줍니다.

4. 사진파일을 네이버카페 도서인증&등업 신청게시판에 올려줍니다.

5. 카카오톡 오픈채팅에서 '신기방기'를 검색 후, 신기방기 산업안전기사 방으로 들어와 인증사실을 알려주시면 더 빠르게 확인가능합니다.

2025산안산기 인증서 작성란
(볼펜으로 수기 작성 해주세요.)

1. 구매처 / 주문번호
:

2. 네이버카페 닉네임
:

3. 나눔CBT ID
:

현직 안전관리자들이 만든 책, 합격까지 함께 하겠습니다.

| 신기방기 산업안전산업기사 실기편은 산업안전산업기사 자격을 취득한 사람들과 산업현장에서 안전관리자 직무를 수행하는 사람들끼리 모여서 집필된 책입니다. 직접 겪은 수험생 시절의 경험을 바탕으로 최단 시간에 자격증을 취득할 수 있도록 핵심을 요약했습니다.

| 필답형은 키워드 정리를 통해 더 쉽게 외울 수 있도록 하였습니다.

| 작업형은 현장에서 직접 사용하고 있는 기계, 기구, 안전용품 등을 직접 촬영하여 수험생들의 이해도를 더욱 높였습니다.

| 2025년 개정된 법에 따라 정리하였으며, 전면 개정된 산업안전보건기준에 관한 규칙을 이론과 문제풀이에 반영하였습니다.

| 구매자 모두에게 책 내용 그대로 공부할 수 있는 CBT 프리미엄 모드를 제공하여 암기에 최적화된 공부를 하실 수 있습니다.

목 차

‥ 004P_ 필답
‥ 128P_ 계산
‥ 133P_ 작업형
‥ 274P_ 안전보건표지

산안산기 공부의 모든 것, 나눔에 다 있습니다.

Youtube에서 '나눔CBT' 검색하시면,
계산, 최다빈출 동영상강의를 보실 수 있습니다. (구독과 좋아요 눌러주세요♥)

blog.naver.com/nanumsafe 나눔출판 블로그에서는
지속적으로 업데이트되는 안전자료를 보실 수 있습니다.

카카오톡 '신기방기 산업안전기사' 오픈채팅방에 들어오시면,
같이 공부하고, 정보를 공유하는 따뜻한 사람들을 만나실 수 있습니다.

필답

필수암기법령 _ 1번 ~ 8번

안전관리 및 안전교육 _ 9번 ~ 68번

산업안전보건법 _ 69번 ~ 77번

기계안전관리 _ 78번 ~ 126번

전기 _ 127번 ~ 152번

화학 _ 153번 ~ 188번

건설안전관리 _ 189번 ~ 250번

보호구 _ 251번 ~ 273번

001 필수암기 법령

1-1. 채용 시 교육 내용 6가지를 쓰시오.
1-2. 근로자 정기교육의 내용 6가지를 쓰시오.
1-3. 관리감독자 정기교육 6가지를 쓰시오.

① 산업안전보건법령 및 산업재해보상보험 제도에 관한 사항
② 산업안전 및 사고 예방에 관한 사항
③ 산업보건 및 직업병 예방에 관한 사항
④ 직무스트레스 예방 및 관리에 관한 사항
⑤ 직장 내 괴롭힘, 고객의 폭언 등으로 인한 건강장해 예방 및 관리에 관한 사항
⑥ 위험성 평가에 관한 사항

암기법 산/산/산/직/직/위

 참고

산업안전보건법 시행규칙 별표 5
2023.09.27 개정으로 인해 위험성평가에 관한사항이 공통으로 추가되었다.

구분	내용
채용시 교육 및 작업내용 변경시 교육	① 산업안전보건법령 및 산업재해보상보험 제도에 관한 사항
	② 산업안전 및 사고예방에 관한 사항
	③ 산업보건 및 직업병 예방에 관한 사항
	④ 직무스트레스 예방 및 관리에 관한 사항
	⑤ 직장 내 괴롭힘, 고객의 폭언 등으로 인한 건강장해예방 및 관리에 관한 사항
	⑥ 위험성 평가에 관한 사항
	⑦ 작업개시 전 점검에 관한 사항
	⑧ 정리정돈 및 청소에 관한 사항
	⑨ 사고발생 시 긴급조치에 관한 사항
	⑩ 물질안전보건자료에 관한 사항
	⑪ 물질안전보건자료에 관한 사항
근로자 정기교육	① 산업안전보건법령 및 산업재해보상보험 제도에 관한 사항
	② 산업안전 및 사고예방에 관한 사항
	③ 산업보건 및 직업병 예방에 관한 사항
	④ 직무스트레스 예방 및 관리에 관한 사항
	⑤ 직장 내 괴롭힘, 고객의 폭언 등으로 인한 건강장해예방 및 관리에 관한 사항
	⑥ 위험성 평가에 관한 사항
	⑦ 유해·위험 작업환경 관리에 관한 사항
관리감독자 정기교육	① 산업안전보건법령 및 산업재해보상보험 제도에 관한 사항
	② 산업안전 및 사고예방에 관한 사항
	③ 산업보건 및 직업병 예방에 관한 사항
	④ 직무스트레스 예방 및 관리에 관한 사항
	⑤ 직장 내 괴롭힘, 고객의 폭언 등으로 인한 건강장해예방 및 관리에 관한 사항
	⑥ 위험성 평가에 관한 사항
	⑦ 작업공정의 유해·위험과 재해 예방대책에 관한 사항
	⑧ 표준안전 작업방법 및 지도 요령에 관한 사항
	⑨ 관리감독자의 역할과 임무에 관한 사항
	⑩ 안전보건교육 능력배양에 관한 사항
	⑪ 현장근로자와의 의사소통능력 및 강의능력 등 안전보건교육 능력 배양에 관한 사항
	⑫ 비상시 또는 재해발생시 긴급조치에 관한 사항

필답

002

필수암기
법령

특수형태근로자의 안전보건교육 최초 노무 제공 시 교육 내용 5가지를 쓰시오.

① 산업안전보건법령 및 산업재해보상보험제도에 관한사항
② 산업안전 및 사고 예방에 관한 사항
③ 산업보건 및 직업병 예방에 관한 사항
④ 직무스트레스 예방 및 관리에 관한 사항
⑤ 정리 정돈 및 청소에 관한 사항
⑥ 작업 개시 전 점검에 관한 사항

암기법 > 산 / 산 / 산 / 직 / 정 / 작

003

필수암기
법령

안전보건 관리규정 포함사항 4가지를 쓰시오.

① 안전 및 보건에 관한 관리조직과 그 직무에 관한 사항
② 안전보건교육에 관한 사항
③ 작업장의 안전 및 보건 관리에 관한 사항
④ 사고 조사 및 대책 수립에 관한 사항

암기법 > 안 / 안 / 작 / 사

004 필수암기 법령

4-1. 산업안전보건위원회의 심의·의결사항 4가지를 쓰시오.
4-2. 안전보건관리책임자의 직무사항 4가지를 쓰시오.

① 산업재해예방계획의 수립에 관한 사항
② 안전보건관리규정의 작성 및 변경에 관한 사항
③ 근로자의 안전 보건 교육에 관한 사항
④ 근로자의 건강진단등 건강 관리에 관한 사항

암기법 ▶ 산/안/근/근

005 필수암기 법령

관리감독자 업무 4가지를 쓰시오.

① 해당 사업장의 산업보건의 안전관리자 및 보건관리자의 지도 조언에 대한 협조
② 해당 작업장의 정리 정돈 및 통로 확보에 대한 확인 감독
③ 근로자의 작업복·보호구 및 방호장치의 점검과 그 착용·사용에 관한 교육·지도
④ 기계·기구 또는 설비의 안전·보건 점검 이상 유무

암기법 ▶ 해/해/근/기

006 필수암기 법령

안전보건총괄책임자의 직무 4가지를 쓰시오.

① 위험성 평가의 실시에 관한 사항
② 도급시 산업재해 예방조치
③ 작업의 중지
④ 산업안전보건관리비의 관계수급인 간의 사용에 관한 협의 조정 및 그 집행의 감독

암기법 ▶ 위/도/작/산

필답

007
필수암기
법령

안전보건관리담당자의 업무 4가지를 쓰시오.

① 안전 보건교육 실시에 관한 보좌 및 조언 지도
② 위험성평가에 관한 보좌 및 조언 지도
③ 작업환경 측정 및 개선에 관한 보좌 및 조언 지도
④ 건강진단에 관한 보좌 및 조언 지도

암기법 > 안 / 안 / 작 / 건

008
필수암기
법령

안전관리자의 업무 4가지를 쓰시오.

① 안전교육계획의 수립 및 안전교육 실시에 관한 보좌 및 조언 지도
② 위험성평가에 관한 보좌 및 조언 지도
③ 사업장 순회 점검 지도 및 조치의 건의
④ 업무수행 내용의 기록 유지

암기법 > 안 / 위 / 사 / 업

009 안전관리 및 안전교육

안전관리 조직의 형태 3가지를 쓰시오.

① 라인(Line)형 또는 직계형
② 스태프(staff)형 또는 참모형
③ 라인 스태프(Line Staff)형 또는 혼합형

 참고

라인(Line)형
or 직계형
	① 소규모 사업장(100명 이하 사업장)에 적용이 가능하다.
	② 라인형 장점 : 명령 및 지시가 신속, 정확하다.
	③ 라인형 단점 :
	  - 안전 정보가 불충분하다.
	  - 라인에 과도한 책임이 부여 될 수 있다.
	④ 생산과 안전을 동시에 지시하는 형태이다.

스태프(staff)형 or 참모형	① 중규모 사업장(100~1,000명 정도의 사업장)에 적용이 가능 ② 스태프형 장점 : 안전정보 수집이 용이하고 빠르다. ③ 스태프형 단점 : 안전과 생산을 별개로 취급한다. ④ 생산부문은 안전에 대한 책임, 권한이 없다.

라인 스태프(Line Staff)형
or 혼합형
	① 대규모 사업장(1,000명 이상 사업장)에 적용이 가능하다.
	② 라인 스태프형 장점
	  - 안전전문가에 의해 입안된 것을 경영자가 명령하므로 명령은 신속, 정확하다.
	  - 안전정보 수집이 용이하고 빠르다.
	③ 스태프형 단점
	  - 명령계통과 조언, 권고적 참여의 혼돈이 우려된다.

필답

010 안전관리 및 안전교육

안전보건총괄책임자 지정 대상 사업에 관한 ( ) 안에 적합한 내용을 쓰시오.

(1) 관계수급인에게 고용된 근로자를 포함한 상시 근로자가 (①) 명
  [선박 및 보트 건조업, 1차 금속 제조업 및 토사석 광업의 경우에는 50명] 이상인 사업
(2) 관계수급인의 공사금액을 포함한 해당 공사의 총 공사금액이 (②) 원 이상인 건설업

① 100명
② 20억

참고

선임 대상

구분	내용
안전관리자 (전담)	① 상시근로자 300인 이상 사업장 - 건설업 : 공사금액 120억원 (토목공사 150억원) 이상 인 사업장
산업안전보건위원회	① 상시근로자 50인 이상 사업장부터 ② 건설업 : 공사금액 120억원 (토목공사 150억원) 이상 인 사업장
노사협의체	① 공사금액 120억원 (토목공사 150억원) 이상 인 건설업 (도급공사인 경우)
안전보건관리책임자	① 상시근로자 50인 이상 사업장부터 ② 총공사금액 20억원 이상인 건설업
안전보건총괄책임자	① 관계수급인 포함 상시근로자 100명 이상 (선박 및 보트 건조업, 1차 금속 제조업 및 토사석 광업 50명) 인 사업 - 관계수급인 포함 공사금액 20억원 이상인 건설업
안전보건관리담당자	① 상시근로자 20명 이상 50명 미만인 사업장 　1. 제조업 　2. 임업 　3. 하수, 폐수 및 분뇨 처리업 　4. 폐기물 수집, 운반, 처리 및 원료 재생업 　5. 환경 정화 및 복원업
안전보건조정자	① 각 건설공사의 금액의 합이 50억원 이상인 경우로서 2개 이상의 건설공사가 같은 장소에서 행해지는 경우

011 산업안전보건법상 안전보건총괄책임자를 지정하여야 하는 대상 사업을 2가지 쓰시오. (단, 선박보트 건조업, 1차 금속 제조업 및 토사석 광업의 경우는 제외)

안전관리 및 안전교육

① 상시 근로자가 100명 이상인 사업
② 관계수급인의 공사금액을 포함한, 해당 공사의 총 공사금액이 20억원 이상인 건설업

안전보건총괄책임자 지정 대상 사업

1. 상시근로자 50명 이상인 선박 및 보트 건조업, 1차 금속 제조업, 토사석 광업
2. 상시근로자가 100명 이상인 사업
3. 관계수급인의 공사금액을 포함한 해당 공사의 총 공사금액이 20억원 이상인 건설업

012 총 공사금액이 1,600억원이며, 상시근로자수가 700명인 건설업에서 선임하여야 하는 안전관리자 수를 산정하는 과정이다. ( ) 안에 적합한 내용을 쓰시오.

안전관리 및 안전교육

공사금액 (①)원 이상 (②)원 미만 : (③)명 이상
[다만, 전체 공사기간 중 전·후 15에 해당하는 기간은 (④)명 이상으로 한다.

① 1,500억
② 2,200억
③ 3명 이상
④ 2명 이상

필답

013

안전관리 및 안전교육

[보기] 의 사업에서 선임하여야 하는 안전관리자 최소 인원을 쓰시오.

[보기]

① 통신업 – 상시근로자 150명
② 펄프 제조업 – 상시근로자 300명
③ 식료품 제조업 – 상시근로자 500명
④ 운수업 – 상시근로자 1,000명
⑤ 총 공사금액이 700억원인 건설업
⑥ 총 공사금액이 500억원인 건설업

① 1명(이상)
② 1명(이상)
③ 2명(이상)
④ 2명(이상)
⑤ 1명(이상)
⑥ 1명(이상)

☑ 참고

종류	구분	안전관리자 최소인원수
우편·통신업	50명 이상 ~ 1000명 미만	1명 (1000명 이상 2명)
펄프 제조업	50명 이상 ~ 500명 미만	1명 (500명 이상 2명)
식료품 제조업	50명 이상 ~ 500명 미만	1명 (500명 이상 2명)
운수업	50명 이상 ~ 500명 미만	1명 (500명 이상 2명)
건설업	공사금액 50억~800억미만	1명 (800억 이상 2명)

014

안전관리 및 안전교육

상시 근로자 50인 이상의 경우 산업안전보건위원회를 설치·운영하여야 하는 대상 사업의 종류 5가지를 쓰시오.

① 토사석 광업
② 목재 및 나무제품 제조업(가구는 제외)
③ 화학물질 및 화학제품 제조업
④ 비금속광물제품 제조업
⑤ 1차 금속 제조업
⑥ 금속가공제품 제조업
⑦ 자동차 및 트레일러 제조업

참고

사업의 종류 규모	규모
1. 토사석 광업 2. 목재 및 나무제품 제조업 : 가구 제외 3. 화학물질 및 화학제품 제조업 : 의약품 제외 (세제, 화장품 및 광택제 제조업과 화학섬유 제조업은 제외한다) 4. 비금속 광물제품 제조업 5. 1차 금속 제조업 6. 금속가공제품 제조업 : 기계 및 가구 제외 7. 자동차 및 트레일러 제조업 8. 기타 기계 및 장비 제조업(사무용 기계 및 장비 제조업은 제외한다) 9. 기타 운송장비 제조업(전투용 차량 제조업은 제외한다)	상시 근로자 50명 이상
10. 농업 11. 어업 12. 소프트웨어 개발 및 공급업 13. 컴퓨터 프로그래밍, 시스템 통합 및 관리업 14. 정보서비스업 15. 금융 및 보험업 16. 임대업 : 부동산 제외 17. 전문, 과학 및 기술 서비스업(연구개발업은 제외한다) 18. 사업지원 서비스업 19. 사회복지 서비스업	상시 근로자 300명 이상
20. 건설업	공사금액 120억원이상 (토목공사업:150억원이상)
21. 제1호부터 제20호까지의 사업을 제외한 사업	상시 근로자 100명 이상

필답

015 산업안전보건위원회의 구성위원 중 근로자위원과 사용자위원의 구성을 2가지씩 쓰시오.

안전관리 및 안전교육

(1) 근로자위원
  ① 근로자대표
  ② 근로자대표가 지명하는 1명 이상의 명예산업안전감독관
  ③ 근로자대표가 지명하는 9명 이내의 해당 사업장의 근로자

(2) 사용자위원
  ① 해당 사업의 대표자
  ② 안전관리자 1명
  ③ 보건관리자 1명
  ④ 산업보건의
  ⑤ 사업의 대표자가 지명하는 9명 이내의 해당 사업장 부서의 장

☑ 참고

노사협의체의 구성

근로자위원	사용자위원
1. 관계수급인 사업을 포함한 전체 사업의 근로자 대표	1. 관계수급인 사업을 포함한 전체 사업의 대표자
2. 근로자대표가 지명하는 명예산업안전감독관 1명 (다만, 명예산업안전감독관이 위촉되어 있지 아니한 경우에는 경우에는 근로자대표가 지명하는 해당 사업장 근로자 1명)	2. 안전관리자 1명
	3. 보건관리자 1명(보건관리자 선임대상 건설업)
	4. 공사금액이 20억원 이상인 공사의 관계수급인업 장 근로자 1명 의 사업주
3. 공사금액이 20억원 이상인 공사의 관계수급인의 근로자대표	

016 안전보건개선 계획에 포함하여야 하는 사항 4가지를 쓰시오.

안전관리 및 안전교육

① 시설
② 안전 · 보건관리체제
③ 안전 · 보건교육
④ 산업재해예방 및 작업환경의 개선을 위하여 필요한 사항

017 안전보건개선계획 작성대상 사업장의 종류를 3가지 쓰시오.

① 산업재해율이 같은 업종 평균 산업재해율의 2배 이상인 사업장
② 사업주가 안전·보건조치의무를 이행하지 아니하여 중대재해가 발생한 사업장
③ 직업성 질병자가 연간 2명 이상 발생한 사업장
④ 유해인자의 노출기준을 초과한 사업장

018 안전보건개선계획서의 제출에 관한 내용이다. ( ) 안에 적합한 숫자를 쓰시오.

(1) 안전보건개선계획서를 제출해야 하는 사업주는 안전보건개선계획서 수립·시행 명령을 받은 날부터 (①)일 이내에 관할 지방고용노동관서의 장에게 해당 계획서를 제출(전자문서로 제출하는 것을 포함한다)해야 한다.

(2) 지방고용노동관서의 장이 안전보건 개선계획서를 접수한 경우에는 접수일로부터 (②)일 이내에 심사하여 사업주에게 그 결과를 알려야 한다.

(3) 사업주와 근로자는 심사를 받은 안전보건개선계획서를 준수하여야 한다.

① 60일
② 15일

019 안전관리 및 안전교육

안전·보건진단을 받아 안전보건개선계획을 수립·제출하도록 명할 수 있는 대상 사업장의 종류 4가지를 쓰시오.

① 산업재해율이 같은 업종 평균 산업재해율의 2배 이상인 사업장
② 사업주가 필요한 안전조치 또는 보건조치를 이행하지 아니하여 중대재해가 발생한 사업장
③ 직업성 질병자가 연간 2명 이상(상시근로자 1천명 이상 사업장의 경우 3명 이상) 발생한 사업장
④ 그 밖에 작업환경 불량, 화재·폭발 또는 누출 사고 등으로 사업장 주변까지 피해가 확산된 사업장으로서 고용노동부령으로 정하는 사업장

참고

가. 재해발생건수 등 재해율 공표대상 사업장
① 사망재해자가 연간 2명 이상 발생한 사업장
② 사망만인율(사망재해자 수를 연간 상시근로자 1만명당 발생하는 사망재해자 수로 환산한 것)이 규모별 같은 업종의 평균 사망만인율 이상인 사업장
③ 중대산업사고가 발생한 사업장
④ 산업재해 발생 사실을 은폐한 사업장
⑤ 산업재해의 발생에 관한 보고를 최근 3년 이내 2회 이상 하지 않은 사업장

나. 안전관리자의 증원·교체 임명 명령 대상 사업장
① 해당 사업장의 연간 재해율이 같은 업종의 평균재해율의 2배 이상인 경우
② 중대재해가 연간 2건 이상 발생한 경우(다만, 해당 사업장의 전년도 사망만인율이 같은 업종의 평균 사망만인율 이하인 경우는 제외)
③ 관리자가 질병이나 그 밖의 사유로 3개월 이상 직무를 수행할 수 없게 된 경우
④ 화학적 인자로 인한 직업성 질병자가 연간 3명 이상 발생한 경우(이 경우 직업성 질병자 발생일은 요양급여의 결정일로 한다.

020 안전관리 및 안전교육

산업재해 발생 건수 및 재해율 또는 그 순위 등을 공표 할수 있는 대상사업장의 종류 2가지를 쓰시오.

① 중대산업사고가 발생한 사업장
② 산업재해 발생 사실을 은폐한 사업장

021 안전관리 및 안전교육

안전관리자 증원·교체임명을 명할 수 있는 경우 4가지를 쓰시오.

① 해당 사업장의 연간 재해율이 같은 업종의 평균 재해율의 2배 이상인 경우
② 중대재해가 연간 2건 이상 발생한 경우
③ 관리자가 질병이나 그 밖의 사유로 3개월 이상 직무를 수행할 수 없게 된 경우
④ 화학적 인자로 인한 직업성 질병자가 연간 3명 이상 발생한 경우

022 안전관리 및 안전교육

산업안전보건법에서 정의하는 중대재해에 해당하는 3가지를 쓰시오.

① 사망자가 1인 이상 발생한 재해
② 3개월 이상 요양을 요하는 부상자가 동시에 2인 이상 발생한 재해
③ 부상자 또는 직업성 질병자가 동시에 10인 이상 발생한 재해

암기법 ▶ 사1/요2/동10

023 안전관리 및 안전교육

산업재해가 발생한 때 사업주가 기록, 보존하여야 하는 사항 3가지를 쓰시오.

① 사업장의 개요 및 근로자의 인적사항
② 재해 발생의 일시 및 장소
③ 재해 발생의 원인 및 과정
④ 재해 재발방지 계획

024 안전관리 및 안전교육

사업주가 중대재해가 발생한 사실을 알게 된 경우, 지체 없이 사업장 소재지를 관할하는 지방고용노동관서의 장에게 전화·팩스 또는 그 밖의 적절한 방법 으로 보고해야 하는 사항을 4가지를 쓰시오.

① 발생 개요
② 피해 상황
③ 조치
④ 전망

암기법 ▶ 발/피/조/전

필답

025 안전관리 및 안전교육

재해조사를 실시하는 목적 3가지를 쓰시오.

[보기]
① 상해유형　② 고용형태
③ 발주자　④ 공정률
⑤ 원수급 사업장명　⑥ 공사 현장명
⑦ 전화번호　⑧ 재해발생형태

(1) : ③, ④, ⑤, ⑥

026 안전관리 및 안전교육

재해조사를 실시하는 목적 3가지를 쓰시오.

① 재해 발생 원인 및 결함 규명
② 재해예방 자료 수집
③ 동종 재해 및 유사 재해 재발 방지

027 안전관리 및 안전교육

다음 [보기]를 상해와 재해 발생형태로 구분하시오.

[보기]
① 골절　② 떨어짐
③ 이상온도 노출·접촉　④ 넘어짐
⑤ 끼임　⑥ 화재, 폭발
⑦ 중독, 질식

(1) 상해 발생형태 :
(2) 재해 발생형태 :

(1) : ①, ⑦
(2) : ②, ③, ④, ⑤, ⑥

신기방기 꿀팁!
중독 및 질식은 모호한 답안이라, 출제 될 확률이 낮아요!

028 안전관리 및 안전교육

다음 설명에 해당하는 재해발생 형태를 구분하여 쓰시오.

> (1) 재해자가 구조물 상부에서 넘어짐으로 인하여 사람이 떨어져 두개골 골절이 발생한 경우
> (2) 재해자가 넘어짐 또는 떨어짐으로 물에 빠져 익사한 경우

(1) : 떨어짐
(2) : 유해・위험물질 노출・접촉

TIP 물에 빠져 익사하는 경우는 물 자체적으로 유해・위험물질로 취부된다.

 참고

분류 항목	세부 항목
떨어짐	높이가 있는 곳에서 사람이 떨어짐
넘어짐	사람이 미끄러지거나 넘어짐
깔림・뒤집힘	물체의 쓰러짐이나 뒤집힘
부딪힘・접촉	물체에 부딪힘, 접촉
맞음	날아오거나 떨어진 물체에 맞음
끼임	기계설비에 끼이거나 감김

029 안전관리 및 안전교육

다음 설명에 해당하는 재해 발생형태와 기인물, 가해물을 쓰시오.

> 작업자가 연삭기 작업 중 숫돌이 파괴되며 날아오는 숫돌의 파편에 맞는 사고가 발생 하였다.
> (1) 재해 발생형태 :
> (2) 기인물 :
> (3) 가해물 :

(1) : 맞음
(2) : 연삭기
(3) : 숫돌 파편 (연삭기의 숫돌 파편)

신기방기 꿀팁!
기인물은 '원인' / 가해물은 '가해원인'(가해자) 라고 생각하면 이해하기 쉬움

필답

030 안전관리 및 안전교육

다음표는 산업재해 통계적 분석방법이다. ( )에 알맞은 내용을 쓰시오

(①) 사고의 유형, 기인물 등 항목값이 큰 순서대로 정리한다.
(②) 특성과 재해요인을 어골상으로 세분화하여 나타낸다.
(③) 2개 이상의 문제관계를 분석하여 사용한다.
(④) 재해발생 건수의 대략적인 추이를 파악하여 사용한다.

① 파레토도
② 특성요인도
③ 크로스 분석
④ 관리도

031 안전관리 및 안전교육

산업재해 예방의 4원칙을 적고 내용을 쓰시오.

① 예방 가능의 원칙 : 모든 재해는 예방이 가능하다.
② 손실 우연의 원칙 : 사고의 결과 손실은 우연히 발생한다.
③ 대책 선정의 원칙 : 사고의 원인에 대한 대책 선정이 가능하다.
④ 원인 연계의 원칙 : 사고에는 원인이 있고 그 원인은 연계되어 있다.

032 안전관리 및 안전교육

안전 인증기관이 심사하는 심사의 종류 4가지와 심사 기간을 쓰시오.

심사 종류	심사 기간
예비심사	7일
서면심사	15일 (외국에서 제조한 경우는 30일)
기술능력 및 생산체계 심사	30일 (외국에서 제조한 경우는 45일)
제품심사	• 개별 제품심사 : 15일 • 형식별 제품심사 : 30일 (방호장치, 보호구는 60일)

> 암기법 **예 / 서 / 기 / 재**

033 안전관리 및 안전교육

재해사례 연구순서 5단계를 설명하고 쓰시오.

① 재해 상황의 파악
② 1단계 : 사실의 확인
③ 2단계 : 문제점 발견
④ 3단계 : 근본 문제점 결정
⑤ 4단계 : 대책 수립

034 안전관리 및 안전교육

시몬즈 방식에 의한 비보험 코스트 항목(종류) 4가지를 쓰시오.

① 휴업상해
② 통원상해
③ 구급조치상해
④ 무상해 사고

암기법 휴/통/구/무

035 안전관리 및 안전교육

안전 인증 전부 또는 일부가 면제되는 경우 3가지를 적으시오.

① 연구개발 목적으로 제조·수입하거나, 수출을 목적으로 제조하는 경우
② 고용노동부장관이 고시하는 외국의 안전인증기관에서 인증을 받은 경우
③ 타 법령에서 안전성에 관한 검사나 인증을 받은 경우

암기법 연/고/타

필답

036 안전관리 및 안전교육

안전인증 기준에 해당하는 기계·기구 및 설비의 종류 4가지를 쓰시오.

가. 설치 이전하는 경우 안전 인증을 받아야 하는 기계 기구
① 크레인
② 리프트
③ 곤돌라

나. 주요 구조 부분을 변경하는 경우 안전 인증을 받아야 하는 기계 기구
① 프레스
② 전단기 및 절곡기
③ 크레인
④ 리프트
⑤ 압력용기
⑥ 롤러기
⑦ 곤돌라
⑧ 사출성형기
⑨ 고소작업대

암기법 프/전/크/리/압/롤/곤/사/고

037 안전관리 및 안전교육

안전인증 대상 방호장치의 종류 4가지를 쓰시오.

① 프레스 및 전단기 방호장치
② 양중기용 과부하방지장치
③ 보일러 압력방출용 안전밸브
④ 압력용기 압력방출용 안전밸브
⑤ 압력용기 압력방출용 파열판
⑥ 절연용 방호구 및 활선작업용 기구
⑦ 방폭구조 전기기계 기구 및 부품
⑧ 추락·낙하 및 붕괴 등의 위험 방지 및 보호에 필요한 가설기자재로서 고용노동부장관이 정하여 고시하는 것
⑨ 충돌·협착 등의 위험 방지에 필요한 산업용 로봇 방호장치로서 고용노동부장관이 정하여 고시하는 것

암기법 프/양/보/압/압/절/방

21

038 안전관리 및 안전교육

안전인증대상 보호구를 5가지 쓰시오.

① 안전대
② 안전화
③ 안전장갑
④ 방진마스크
⑤ 방독마스크
⑥ 송기마스크

039 안전관리 및 안전교육

산업안전보건법령 상, 안전인증 심사 중 형식별 제품심사기간을 60일로 하는 안전인증대상 보호구를 5가지 쓰시오.

① 안전화
② 안전장갑
③ 방진마스크
④ 방독마스크
⑤ 송기마스크
⑥ 전동식 호흡보호구
⑦ 보호복
⑧ 추락 및 감전 위험방지용 안전모

참고

산업안전보건법 시행규칙 110조
4. 제품심사
    가. 개별 제품심사 : 15일
    나. 형식별 제품심사 : 30일
    (영 제 74조 제1항 제2호 사목의 방호장치와 같은 항 제3호 가 ~ 아목까지의 보호구는 60일)

순번 및 보호구	심사일
가. 추락 및 감전 위험방지용 안전모	60일
나. 안전화	60일
다. 안전장갑	60일
라. 방진마스크	60일
마. 방독마스크	60일
바. 송기(送氣)마스크	60일
사. 전동식 호흡보호구	60일
아. 보호복	60일
자. 안전대	30일
차. 차광(遮光) 및 비산물(飛散物) 위험방지용 보안경	30일
카. 용접용 보안면	30일
타. 방음용 귀마개 또는 귀덮개	30일

필답

040
안전관리 및 안전교육

자율안전 확인 대상 기계 기구 및 설비의 종류 4가지를 쓰시오.

① 자동차 정비용 리프트연삭기 및 연마기(휴대형 제외)
② 연삭기 및 연마기(휴대형 제외)
③ 산업용 로봇
④ 파쇄기 or 분쇄기
⑤ 컨베이어
⑥ 공작기계(선반, 드릴, 평삭, 형삭기, 밀링만 해당)
⑦ 식품가공용 기계(파쇄, 절단, 혼합, 제면기만 해당)
⑧ 혼합기
⑨ 인쇄기
⑩ 고정형 목재가공용 기계(둥근톱, 대패, 루타기, 띠톱, 모떼기 기계만 해당)

암기법 자/연/산/파/컨/공/식/혼/인(신)/고

23

041 자율안전 확인 대상 방호장치의 종류를 5가지 쓰시오.

안전관리 및 안전교육

① 연삭기 덮개
② 목재 가공용 둥근톱 반발예방장치 및 날접촉 예방장치
③ 동력식 수동 대패의 칼날 접촉방지장치
④ 추락, 낙하 및 붕괴 등의 위험 방호에 필요한 가설기자재 (안전인증 제외)
⑤ 아세틸렌·가스집합 용접장치용 안전기
⑥ 롤러기 급정지 장치
⑦ 교류 아크용접기용 자동 전격 방지기

> **암기법** 연목동 추락(해서)아(이)스(크림)/
> 롤(케이크) 교(차 구매해)

	자율안전확인대상
기계·기구	① 자동차정비용 리프트 ② 연삭기 및 연마기 ③ 산업용 로봇 ④ 파쇄기 OR분쇄기 ⑤ 컨베이어 ⑥ 공작기계 ⑦ 식품가공용 기계 ⑧ 혼합기 ⑨ 인쇄기 ⑩ 고정형 목재가공용 기계
방호장치	① 연삭기 덮개 ② 목재가공용 둥근톱 반발예방장치 및 날접촉 예방장치 ③ 동력식 수동대패의 칼날 접촉방지장치 ④ 추락·낙하 및 붕괴 등의 위험방호에 필요한 가설 기자재 ⑤ 아세틸렌·가스집합 용접장치용 안전기 ⑥ 롤러기 급정지장치 ⑦ 교류아크용접기용 자동전격 방지기
보호구	① 안전모(안전인증 제외) ② 보안경(안전인증 제외) ③ 보안면(안전인증 제외)

042 안전관리 및 안전교육

안전검사 주기에 대한 설명이다. ( ) 안에 적합한 내용을 쓰시오.

(1) 크레인(이동식 크레인은 제외한다), 리프트(이삿짐운반용 리프트는 제외한다) 및 곤돌라는 사업장에 설치가 끝난 날부터 (①) 이내에 최초 안전검사를 실시하되, 그 이후 부터는 (②)마다 [건설현장에서 사용하는 것은 최초로 설치한 날부터 (③)마다 실시한다.]
(2) 이동식 크레인, 이삿짐운반용 리프트 및 고소작업대는 신규 등록 이후 (④)이내에 최초 안전검사를 실시하되, 그 이후부터 2년마다 실시한다.
(3) 프레스, 전단기, 압력용기, 국소 배기장치, 원심기, 롤러기, 사출성형기, 컨베이어 및 산업용 로봇은 사업장에 설치가 끝난 날부터 (⑤) 이내에 최초 안전검사를 실시하되, 그 이후부터 (⑥) 마다 [공정안전보고서를 제출하여 확인을 받은 압력용기는 (⑦) 마다 실시한다.]

① 3년 ② 2년 ③ 6개월 ④ 3년 ⑤ 3년 ⑥ 2년 ⑦ 4년

참고

1. 안전검사 대상 유해 위험기계 등	① 프레스 ② 전단기 및 절곡기 ③ 크레인[정격 하중이 2톤 미만인 것 제외] ④ 리프트 ⑤ 압력용기 ⑥ 롤러기 ⑦ 곤돌라 ⑧ 사출성형기 ⑨ 고소작업대
2. 안전검사 대상 유해 위험기계등의 검사 주기	① 크레인(이동식 크레인은 제외한다), 리프트(이삿짐운반용 리프트는 제외한다) 및 곤돌라 : 사업장에 설치가 끝난 날부터 3년 이내에 최초 안전검사를 실시 하되, 그 이후부터 2년마다(건설현장에서 사용하는 것은 최초로 설치한 날부터 6개월마다) ② 이동식 크레인, 이삿짐운반용 리프트 및 고소작업대 : 신규등록 이후 3년 이내 에 최초 안전검사를 실시하되, 그 이후부터 2년마다 ③ 프레스, 전단기, 압력용기, 국소배기장치, 원심기, 롤러기, 사출성형기, 컨베이어 및 산업용 로봇 : 사업장에 설치가 끝난 날부터 3년 이내에 최초 안전검사를 실시하되, 그 이후부터 2년마다(공정안전보고서를 제출하여 확인을 받은 압력 용기는 4년마다)

043 안전인증 보호구의 안전인증 표시 외 표시사항(안전인증 대상 제품에 표시사항)을 4가지를 쓰시오.

① 제조사명
② 안전인증번호
③ 제조번호 및 제조연월
④ 모델명 또는 형식
⑤ 규격 또는 등급

암기법 제/안/제/모/큐(규)

044 자율검사 프로그램의 인정 취소 및 개선을 명할 수 있는 경우 4가지를 쓰시오.

① 거짓이나 그 밖의 부정한 방법으로 자율검사 프로그램을 인정받은 경우
② 자율검사 프로그램을 인정받고도 검사를 하지 아니한 경우
③ 인정받은 자율 검사 프로그램의 내용에 따라 검사를 하지 아니한 경우
④ 자율안전검사 자격을 갖춘 자 또는 자율안전검사기관이 검사를 하지 아니한 경우

필답

045 안전관리 및 안전교육

하인리히의 도미노이론, 버드의 연쇄성이론, 아담스,웨버의 연쇄성이론을 쓰시오.

	단계	단계별 내용
하인리히	1단계	선천적 결함 (유전과 환경)
	2단계	개인적 결함
	3단계	직접적 원인 (불안전한 행동 및 불안정한 상태)
	4단계	사고
	5단계	상해
버드	1단계	관리(통제)의 부족
	2단계	기본적 원인
	3단계	직접적 원인 (불안전한 행동 및 불안정한 상태)
	4단계	사고
	5단계	상해
아담스	1단계	관리적 결함 (관리구조)
	2단계	작전적 에러
	3단계	전술적 에러
	4단계	사고
	5단계	상해
웨버	1단계	유전과 환경
	2단계	개인적 결함
	3단계	직접적 원인 (불안전한 행동 및 불안정한 상태)
	4단계	사고
	5단계	상해

046 안전관리 및 안전교육

하인리히의 사고빈도법칙인 1 : 29 : 300의 법칙을 쓰시오.

- 중상 또는 사망 : 1건
- 경상해 : 29건
- 무상해사고 : 300건

참고

* 버드의 1 : 10 : 30 : 600의 법칙
  - 중상 또는 폐질 : 1건
  - 경상해 : 10건
  - 무상해사고 (물적 손실) : 30건
  - 무상해, 무사고 (위험 순간) : 600건

047 안전관리 및 안전교육

파블로프의 학습의원리 4가지와 손다이크 학습의원칙 3가지를 작성하시오.

1. 파블로프의 조건반사설에 의한 학습의 원리
   - 일관성의 원리
   - 시간의 원리
   - 강도의 원리
   - 계속성의 원리

암기법 〉 일/시/강/계

2. 손다이크(Thorndike)의 학습의 법칙 (시행착오설)
   - 효과의 법칙
   - 준비성의 법칙
   - 연습 또는 반복의 법칙

암기법 〉 효/준(아) 연습(해)

048 안전관리 및 안전교육

OJT (On The Job Training) 교육의 특징을 쓰시오..

① 직장 내 훈련으로 실습을 통해 필요한 사항을 몸에 익히는 현장 교육
② 맞춤식 교육 가능
③ 교육의 효과 높음
④ 대규모 교육 어려움
⑤ 계획적, 체계적이기 어렵다.

 참고

〈 OFF JT (Off The Job Training) 〉

외부강사를 초청하여 근로자를 일정한 장소에 집합시켜 실시하는 교육 형태로서 집합교육에 적합하다.

049 안전관리 및 안전교육

일선 관리감독자 대상 교육인 TWI의 교육내용 4가지를 쓰시오.

① 작업 방법 기법 (JMT : Job Method Training)
② 작업 지도 기법 (JIT : Job instruction Training)
③ 인간 관계관리 기법 or 부하통솔법 (JRT : Job Relations Training)
④ 작업 안전 기법 (JST : Job Safety Training)

필답

050 안전관리 및 안전교육

토의식 교육기법 중 구안법(Project method)의 장점 4가지를 쓰시오.

① 학습활동에 대한 동기부여가 충분하다
② 자발적이고 능동적 학습활동을 촉구할 수 있다.
③ 창조적·구성적 태도를 기를 수 있다.
④ 학교생활과 실제 생활을 결부시킬 수 있다.
⑤ 협동성, 지도성, 희생정신을 기를 수 있다.

☑ 참고

〈 구안법 〉

학습자가 마음 속에 생각하고 있는 것(자신의 목표)을 구체적으로 실천하기 위하여 스스로 계획을 세워 수행하는 학습활동이다.

051 안전관리 및 안전교육

산업안전보건법에 의하여 사업주가 근로자에게 실시하여야 하는 안전보건교육의 종류 4가지를 쓰시오.

① 정기교육
② 특별 교육
③ 채용 시 교육
④ 작업 내용 변경 시 교육
⑤ 건설업 기초안전보건교육

암기법 정/특/채/작

052

안전관리 및 안전교육

사업주가 근로자에게 실시해야 하는 안전보건교육의 ( ) 안에 적합한 교육시간을 쓰시오.

1. 사무직 종사 근로자의 정기교육시간 : (①)
2. 판매업무에 직접 종사하는 근로자 외의 정기 교육시간 : (②)
3. 일용근로자를 제외한 근로자의 채용 시 교육 시간 : (③)
4. 일용근로자를 제외한 근로자의 작업 내용 변경 시 교육시간 : (④)
5. 타워크레인 신호 작업에 종사하는 일용근로자의 특별 교육시간 : (⑤)
6. 건설업 일용 근로자의 건설업 기초 안전보건교육 시간 : (⑥)

① 매 반기 6시간 이상
② 매 반기 12시간 이상
③ 8 시간 이상
④ 2 시간 이상
⑤ 8 시간 이상
⑥ 4 시간 이상

053

안전관리 및 안전교육

산업안전보건법령 상, 사업주가 근로자에게 실시해야 하는 안전보건교육 중, 관리감독자를 대상으로 하는 안전보건 교육시간 관련 ( ) 안에 적합한 내용을 쓰시오.

교육 과정	교육 시간
가. 정기교육	연간 (①) 시간 이상
나. 채용 시 교육	(②) 시간 이상
다. 작업내용 변경 시 교육	(③) 시간 이상
라. 특별교육	(④) 시간 이상 (최초 작업에 종사하기 전 4시간 이상 실시하고, 12시간은 3개월 이내에서 분할하여 실시 가능)
	단기간 작업 또는 간헐적 작업인 경우에는 2시간 이상

① 16시간 이상
② 8시간 이상
③ 2시간 이상
④ 16시간 이상

> 필답

> 참고 사업자가 근로자에게 실시해야 하는 안전보건의 교육 시간

가. 근로자 안전보건교육

교육과정	교육대상		교육시간
정기교육	사무직 종사 근로자		매 반기 6시간 이상
	사무직 종사 근로자 외의 근로자	판매직	매 반기 6시간 이상
		판매직 외	매 반기 12시간 이상
	관리감독자		연간 16시간 이상
채용 시 교육	일용근로자 및 근로계약기간이 1주일 이하인 기간제 근로자		1시간 이상
	근로계약기간이 1주일 초과 1개월 이하인 기간제 근로자		4시간 이상
	일용근로자 제외		8시간 이상
작업내용 변경 시의 근로자	일용근로자 및 근로계약기간이 1주일 이하인 기간제 근로자		1시간 이상
	일용근로자 제외		2시간 이상
특별교육	일용근로자 및 근로계약기간이 1주일 이하인 기간제 근로자 (타워크레인신호작업에 종사하는 근로자 제외)		2시간 이상
	일용근로자 제외		2시간이상 (단기간 작업) 16시간 이상 (최초 작업전 4시간, 3개월 이내 12시간 분할교육)
	타워크레인 신호작업에 종사하는 일용 근로자		8시간 이상

나. 관리감독자 안전보건교육

교육 과정	교육 대상
정기교육	연간 16시간 이상
채용 시 교육	8시간 이상
작업내용 변경 시의 근로자	2시간 이상
특별교육	16시간 이상 (최초 작업에 종사하기 전 4시간 이상 실시하고, 12시간은 3개월 이내에서 분할하여 실시 가능)
	단기간 작업 또는 간헐적 작업인 경우에는 2시간 이상

054 안전관리 및 안전교육

산업안전보건법에 의한 신규, 보수교육을 받아야 하는 직무교육 대상자 4명을 쓰시오.

① 안전보건관리책임자
② 안전관리자, 안전관리전문기관의 종사자
③ 보건관리자, 보건관리전문기관의 종사자
④ 건설재해예방 전문지도기관 종사자
⑤ 석면조사기관의 종사자
⑥ 안전보건관리담당자
⑦ 안전검사기관, 자율안전검사기관의 종사자

 **참고**

안전보건관리책임자 신규교육 6시간 이상 · 보수교육 6시간 이상
안전보건관리담당자 신규교육은 없으며, 보수교육만 8시간 이상

교육 대상	교육시간	
	신규 교육	보수 교육
안전보건관리 책임자	6시간 이상	6시간 이상
안전보건관리 담당자	–	8시간 이상
안전검사기관, 자율안전검사기관의 종사자	34시간 이상	24시간 이상
석면조사기관의 종사자	34시간 이상	24시간 이상
재해예방 전문지도기관 종사자	34시간 이상	24시간 이상
보건관리자, 보건관리전문기관 종사자	34시간 이상	24시간 이상
안전관리자, 안전관리전문기관 종사자	34시간 이상	24시간 이상

055 안전관리 및 안전교육

매슬로(Maslow A. H.)의 욕구 단계 이론(인간의 욕구 5단계)을 단계별로 쓰시오.

① 제1단계 (생리적 욕구)
② 제2단계 (안전 욕구)
③ 제3단계 (사회적 욕구)
④ 제4단계 (존경 욕구)
⑤ 제5단계 (자아실현의 욕구)

필답

056 안전관리 및 안전교육

헤르츠버그의 2요인론과, 알더퍼의 ERG이론에 관한 ( ) 안에 적합한 내용을 쓰시오.

헤르츠버그(Herzberg)의 2요인론	알더퍼의 E.R.G이론
(①)	생존욕구
	(③)
(②)	(④)

① 위생요인
② 동기요인
③ 관계욕구
④ 성장욕구

참고

동기부여이론

1. 매슬로 (Maslow A. H.의 욕구 단계 이론 (인간의 욕구 5단계)
① 제1단계 (생리적 욕구)
② 제2단계 (안전 욕구)
③ 제3단계 (사회적 욕구)
④ 제4단계 (존경 욕구)
⑤ 제5단계 (자아실현의 욕구)
2. 헤르츠버그 (Herzberg) 의 동기·위생 이론
① 위생 요인 (유지 욕구)
② 동기 요인 (만족 욕구)
3. 알더퍼의 E.R.G이론
① 생존욕구 (존재 욕구)
② 관계욕구 : 대인관계
③ 성장욕구 : 개인적 발전

057 안전관리 및 안전교육

헤르츠버그 (Herzberg) 의 동기·위생이론에서 동기요인과 위생요인에 해당하는 것을 4가지를 쓰시오.

(1) 동기요인 : 성취감, 책임감, 인정, 도전
(2) 위생요인 : 안전, 임금, 작업조건, 감독

058
안전관리 및 안전교육

인간의 착각현상 중 자동운동이 잘 발생되는 조건 3가지를 쓰시오.

① 광점이 작을 것
② 시야의 다른 부분이 어두울 것
③ 대상이 단순할 것
④ 빛의 강도가 작을 것

〈 자동운동 〉

암실에서 정지된 소광점을 응시하면 광점이 움직이는 것처럼 보이는 현상

059
안전관리 및 안전교육

위험기계의 조정 장치를 촉각적으로 암호화 할 수 있는 방법 3가지를 쓰시오.

① 형상
② 크기
③ 위치
④ 촉감
⑤ 작동

060
안전관리 및 안전교육

인간의 주의 특성 종류 3가지를 적고, 구체적인 사항을 서술하시오.

① 선택성 : 여러 종류의 자극을 자각할 때 소수의 특정한 것에 한하여 선택하여 집중한다.
② 방향성 : 한곳에 주의하면 다른 곳의 주의가 약해진다.
③ 변동성 : 주의에는 주기적으로 부주의적 리듬이 존재한다.

암기법 〉 선 / 방 / 변

필답

061 설명에 해당하는 인간 부주의의 원인에 해당하는 용어를 쓰시오.

안전관리 및 안전교육

> (1) 특수한 질병 등에 의한 경우로 의식 수준은 Phase 0인 상태
> (2) 다른 곳으로 주의를 돌리는 현상
> (3) 피로, 단조로운 작업의 연속으로 의식 수준이 저하된 상태
> (4) 외부 자극의 강·약에 의해 위험 요인에 대응할 수 없을 때 발생하는 현상

(1) 의식의 단절
(2) 의식의 우회
(3) 의식 수준 저하
(4) 의식의 혼란

062 설명에 해당하는 인간의 적응기제의 종류를 쓰시오.

안전관리 및 안전교육

적응기제	설 명
(①)	자기 속의 억압된 것을 다른 사람의 것으로 생각하는 것
(②)	다른 사람의 행동 양식이나 태도를 투입시키거나 다른 사람 가운데서 자기와 비슷한 점을 발견하는 것
(③)	남의 행동이나 판단을 표본으로 하여 그것과 같거나 또는 그것에 가까운 행동 또는 판단을 취하는 것
(④)	자신의 결함과 무능에 의하여 생긴 열등감이나 긴장감을 해소시키기 위해 장점 같은 것으로 그 결함을 보충
(⑤)	자기의 실패나 약점을 그럴 듯한 이유를 들어 남에게 비난받지 않도록 하는 것
(⑥)	억압당한 욕구를 다른 가치있는 목적을 실현하도록 노력함으로써 욕구를 충족

① 투사
② 동일화
③ 모방
④ 보상
⑤ 합리화
⑥ 승화

063 안전관리 및 안전교육

[보기]의 재해빈발자의 재해유발 요인을 3가지를 쓰시오.

```
                        [ 보 기 ]
( 1 ) 상황성 유발자 :
( 2 ) 소질성 유발자 :
```

(1) ① 작업에 어려움이 많은 자
      ② 기계 설비의 결함이 있을 때
      ③ 심신에 근심이 있는 자
      ④ 환경상 주의력 집중이 혼란되기 쉬울 때

(2) ① 주의력 산만 및 주의력 지속 불능
      ② 흥분성
      ③ 저지능
      ④ 비협조성
      ⑤ 도덕성의 결여
      ⑥ 소심한 성격
      ⑦ 감각운동 부적합 등

신기방기 꿀팁!
2012년 이후로 출제 된 적 없습니다.

064 안전관리 및 안전교육

산업현장에서 이용되는 컬러테라피에 대한 설명이다. 해당되는 심리에 알맞은 색채를 쓰시오.

색채	심리
(①)	열정, 생기, 공포, 애정, 용기
(②)	주의, 조심, 희망, 광명, 향상
(③)	안전, 안식, 평화, 위안
(④)	진정, 냉담, 소극, 소원
(⑤)	우울, 불안, 우미, 고취

① 빨간색
② 노란색
③ 녹색
④ 파란색
⑤ 보라색

065 산업안전보건법 기준에 의한 작업장에 적합한 조도의 기준을 쓰시오.

안전관리 및 안전교육

(1) 초정밀 작업 :
(2) 정밀 작업 :
(3) 보통 작업 :
(4) 기타 작업 :

(1) 750Lux 이상
(2) 300Lux 이상
(3) 150Lux 이상
(4) 75Lux 이상

066 소음작업, 강렬한 소음작업 또는 충격 소음작업에 종사하는 경우에 근로자에게 알려야 하는 사항 3가지를 쓰시오.

안전관리 및 안전교육

① 해당 작업장소의 소음 수준
② 인체에 미치는 영향과 증상
③ 보호구의 선정과 착용 방법
④ 그 밖에 소음으로 인한 건강장해 방지에 필요한 사항

067 안전관리 및 안전교육

소음의 노출기준(충격소음 제외)에 대하여 ( ) 안에 적합한 내용을 쓰시오.

1일 노출시간 (hr)	소음강도 dB(A)
(①)	90
4	95
(②)	100
(③)	105
1/2 (30분)	110
(④)	115

① 8시간
② 2시간
③ 1시간
④ 1/4 (15분)

참고

1. 소음작업 : 하루 8시간 동안 85dB 이상의 소음이 발생하는 작업을 말한다.
2. 강렬한 소음 작업
   ① 하루 8시간 동안 90dB 이상의 소음이 발생하는 작업
   ② 하루 4시간 동안 95dB 이상의 소음이 발생하는 작업
   ③ 하루 2시간 동안 100dB 이상의 소음이 발생하는 작업
   ④ 하루 1시간 동안 105dB 이상의 소음이 발생하는 작업
   ⑤ 하루 30분 동안 110dB 이상의 소음이 발생하는 작업
   ⑥ 하루 15분 동안 115dB 이상의 소음이 발생하는 작업

068 안전관리 및 안전교육

누적 외상성질환(CTD) 발생원인 3가지를 쓰시오.

① 반복적인 동작
② 부적절한 작업 자세
③ 무리한 힘의 사용
④ 날카로운 면과의 신체 접촉
⑤ 진동 및 온도

069 산업안전보건법상의 건강진단의 종류 4가지를 쓰시오.

① 일반 건강진단
② 특수 건강진단
③ 수시 건강진단
④ 임시 건강진단
⑤ 배치 전 건강진단

070 특수건강진단 시기 및 주기를 나타내었다. ( ) 안을 채우시오.

구분	대상 유해인자	시기 (배치 후 첫 번째 특수 건강진단)	주기
1	N, N-디메틸아세트아미드, N, N-디메틸포름아미드	1개월 이내	6개월
2	(①)	(④)	6개월
3	1,1,2,2-테트라클로로에탄, 사염화탄소 아크릴로니트릴, 염화비닐	3개월 이내	6개월
4	(②), 면 분진	(⑤)	(⑥)
5	광물성 분진, 나무 분진, (③)	12개월 이내	24개월
6	제1호부터 제5호까지의 규정의 대상 유해인자를 제외한 모든 대상 유해인자	6개월 이내	12개월

① 벤젠
② 석면
③ 소음 및 충격소음
④ 2개월 이내
⑤ 12개월 인내
⑥ 12개월 이내

071 산업안전보건법

산업안전보건법령 상, 공정안전보고서를 제출하여야 하는 대상 사업 4가지를 쓰시오.

① 원유 정제처리업
② 기타 석유정제물 재처리업
③ 화약 및 불꽃 제품 제조업
④ 석유화학계 기초화학물질 제조업
⑤ 화학 살균·살충제 및 농업용 약제 제조업
⑥ 합성수지 및 기타 플라스틱 물질 제조업
⑦ 질소 화합물, 질소·인산·칼리질 화학비료 제조업 중 질소질 화학비료 제조

072 산업안전보건법

산업안전보건법령에 의한 공정안전보고서 제출 대상에서 제출 대상이 되는 유해·위험설비로 보지 않는 시설이나 설비의 종류를 2가지 적으시오.

① 원자력 설비
② 군사시설
③ 도매·소매 시설
④ 도시가스 사업법에 따른 가스 공급 시설
⑤ 차량 등의 운송 설비
⑥ 사업주가 해당 사업장 내에서 직접 사용하기 위한 난방용 연료의 저장설비 및 사용설비

073 산업안전보건법

공정안전보고서 작성 시 공정안전보고서에 포함하여야 하는 사항 4가지를 쓰시오.

① 공정안전자료
② 공정위험성 평가서
③ 안전운전계획
④ 비상조치계획

암기법 공/공/안/비

074

산업안전
보건법

공정안전보고서의 제출·심사·확인 및 이행상태평가 등에 관한 규정 상, 공정흐름도에 표시되어야 할 사항 3가지를 작성하시오.

① 주요 동력기계, 장치 및 설비의 표시 및 명칭
② 주요 계장설비 및 제어설비
③ 물질 및 열 수지
④ 운전온도 및 운전압력

075

산업안전
보건법

공정흐름도 작성에 관한 기술지침 상, 공정흐름도에 표시 되어야 할 사항 3가지를 작성하시오.

① 공정 처리순서 및 흐름의 방향
② 주요 동력기계, 장치 및 설비류의 배열
③ 기본 제어논리
④ 기본설계를 바탕으로 온도, 압력, 물질수지 및 열 수지
⑤ 압력용기, 저장탱크 등 주요 용기류의 간단한 사항
⑥ 열교환기, 가열로 등의 간단한 사양

076

유해·위험방지계획서를 작성하여 제출하여야 하는 건설공사에 관한 내용이다. ( ) 안에 적합한 내용을 쓰시오.

> (1) 지상높이가 (①)m 이상인 건축물 또는 인공구조물
> (2) 연면적 (②)㎡ 이상의 냉동·냉장창고시설의 설비공사 및 단열공사
> (3) 다목적 댐, 발전용 댐 및 저수용량 (③)t 이상의 용수 전용 댐, 지방상수도 전용댐 건설 등의 공사
> (4) 깊이 (④)m 이상인 굴착공사

① 31m 이상
② 5천㎡ 이상
③ 2천만t 이상
④ 10m 이상

유해위험방지계획서 제출대상 건설공사

① 지상높이가 31m 이상인 건축물 또는 인공구조물
② 연면적 3만제㎡ 이상인 건축물
③ 깊이 10m 이상인 굴착공사
④ 연면적 5천㎡ 이상인 시설
⑤ 최대 지간길이가 50m 이상인 교량 건설 등 공사
⑥ 터널 건설 등의 공사
  · 문화 및 잡화시설 (전시장·동물원·식물원 제외)
  · 판매시설·운수시설 (고속철도의 역사 및 집배송 시설 제외)
  · 종교시설
  · 의료시설 중 종합병원
  · 숙박시설 중 관광숙박시설
  · 지하도 상가
  · 냉동·냉장 창고시설
⑦ 다목적댐·발전용댐 및 저수용량 2천만톤 이상의 용수전용댐 및 지방상수도 전용 댐 건설 등의 공사
⑧ 연면적 5천㎡ 이상의 냉동·냉장 창고 시설의 설비 공사 및 단열공사

077

산업안전보건법령 상, 설치·이전하거나 그 주요 구조 부분을 변경하려는 경우, 유해 위험방지계획서를 작성하여 고용노동부 장관에게 제출하고 심사를 받아야 하는 대통령령으로 정하는 기계·기구 및 설비에 해당하는 경우를 3가지만 쓰시오.
(단, 사업이나 건설공사는 제외)

① 화학설비
② 건조설비
③ 가스집합 용접장치
④ 금속이나 그 밖에 광물의 용해로
⑤ 근로자의 건강에 상당한 장해를 일으킬 우려가 있는 물질로서, 고용노동부령으로 정하는 물질의 밀폐·환기·배기를 위한 설비

필답

078 로봇 작업에 대한 특별 안전 보건교육을 실시 시 교육 내용 4가지를 쓰시오.

기계안전
관리

① 로봇의 기본 원리 구조 및 작업 방법에 관한 사항
② 이상 발생 시 응급조치에 관한 사항
③ 조작 방법 및 작업순서에 관한 사항
④ 안전시설 및 안전기준에 관한 사항

암기법 > 로 / 이 / 조 / 안

TIP 산업안전기사에 출제 된 문제입니다.

079 로봇의 작동 범위 내에서 오조작에 의한 위험을 방지하기 위하여, 수립하여야 하는 지침 사항 4가지를 쓰시오.

기계안전
관리

① 로봇의 조작 방법 및 순서
② 작업 중의 매니퓰레이터의 속도
③ 2명 이상의 근로자에게 작업을 시킬 경우의 신호방법
④ 이상을 발견한 경우의 조치

암기법 > 로 / 작 / 2 / 이

080 산업용 로봇의 작업 시작 전 점검사항 3가지를 쓰시오.

기계안전
관리

① 외부전선의 피복 또는 외장의 손상 유무
② 매니플레이터 작동의 이상 유무
③ 제동장치 및 비상정지장치의 기능

암기법 > 외 / 매 / 제

081 로봇 작업 시 설치하여야 하는 위험 방지 조치 2가지를 쓰시오.

기계안전
관리

① 안전매트
② 광전자식 방호장치 등 감응형 방호장치
③ 높이 1.8m 이상의 울타리

082 기계안전관리

로봇 작업 시 설치하여야 하는 위험 방지 조치 2가지를 쓰시오.

① 협착점 : 왕복운동을 하는 동작부분과 운동이 없는 고정부분 사이에 형성되는 위험점
② 끼임점 : 회전운동을 하는 동작부분과 운동이 없는 고정부분이 함께 형성하는 위험점
③ 물림점 : 회전하는 2개의 회전체에 물려 들어갈 위험점
④ 접선물림점 : 회전 부분의 접선방향으로 물려 들어갈 위험점
⑤ 절단점 : 회전하는 운동부 자체 및 운동하는 기계부분 자체의 위험점
⑥ 회전말림점 : 회전하는 물체에 작업복 등이 말려 들어갈 위험점

참고 위험점의 분류

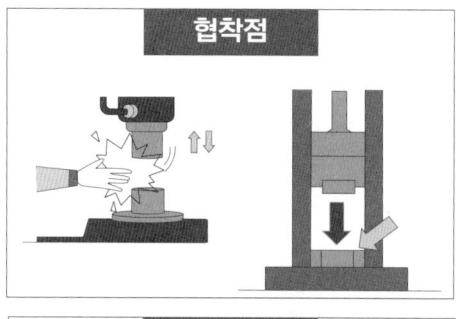
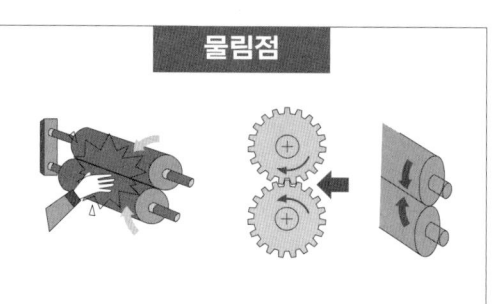
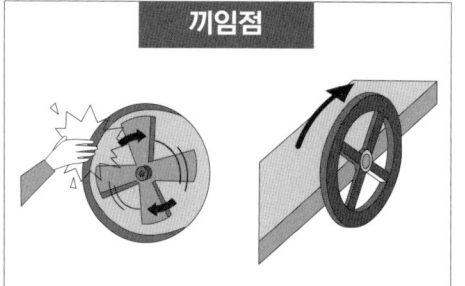
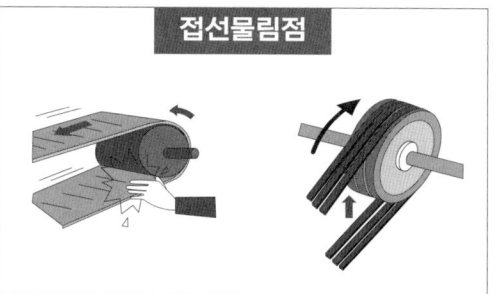

필답

083 기계 설비의 근원적 안전을 확보하는 방안 4가지를 쓰시오.

기계안전
관리

① 기능의 안전화
② 구조의 안전화
③ 외형의 안전화
④ 보전작업의 안전화
⑤ 표준화

084 방호조치가 필요한 유해 위험 기계·기구이다. 적합한 방호장치명을 쓰시오

기계안전
관리

(1) 예초기 :
(2) 금속절단기 :
(3) 원심기 :
(4) 공기압축기 :
(5) 지게차 :

(1) 날접촉 예방장치
(2) 날접촉 예방장치
(3) 회전체 접촉 예방장치
(4) 압력방출장치
(5) 헤드가드, 백레스트, 전조등, 후미등, 안전벨트

085 방호조치를 하지 않고는 양도, 대여, 설치, 진열해서는 아니되는 기계·기구 4가지를 쓰시오.

기계안전
관리

① 공기압축기
② 원심기
③ 예초기
④ 금속절단기
⑤ 지게차
⑥ 포장기계 (진공포장기, 랩핑기로 한정)

45

086 기계 방호장치의 분류 중 "위험장소에 따른 분류"에 해당하는 "격리식 방호장치"의 종류를 3가지 쓰시오.

기계안전관리

① 완전차단형 방호장치
② 덮개형 방호장치
③ 안전방책

087 원동기, 회전축 등의 위험방지를 위한 기계적인 안전조치를 3가지를 쓰시오.

기계안전관리

① 덮개
② 울
③ 슬리브
④ 건널다리

088 원동기·회전축 등의 위험방지에 관한 내용이다. ( ) 안에 적합한 내용을 쓰시오.

기계안전관리

사업주는 (①), (②), (③), (④) 등에 부속되는 키·핀 등의 기계요소 묻힘형으로 하거나 해당 부위에 덮개를 설치하여야 한다.

① 회전축
② 기어
③ 풀리
④ 플라이휠

☑ 참고

* 원동기·회전축 등의 위험 방지

① 기계의 원동기·회전축·기어·풀리·플라이휠·벨트 및 체인 등 근로자가 위험에 처할 우려가 있는 부위에 덮개·울·슬리브 및 건널다리 등을 설치하여야 한다.
② 회전축·기어·풀리 및 플라이휠 등에 부속되는 키·핀 등의 기계요소는 묻힘형으로 하거나 해당 부위에 덮개를 설치하여야 한다.
③ 벨트의 이음 부분에 돌출된 고정구를 사용해서는 아니 된다.
④ 건널다리에는 안전 난간 및 미끄러지지 아니하는 구조의 발판을 설치하여야 한다.

089 방호장치에 관한 근로자의 준수사항 및 사업주의 조치사항을 쓰시오.

기계안전관리

> (1) 방호조치를 해체하려는 경우 :
> (2) 방호조치를 해체한 후 그 사유가 소멸된 경우 :
> (3) 방호조치의 기능이 상실된 것을 발견한 경우 :

(1) 사업주의 허가를 받아 해체할 것
(2) 지체 없이 원상으로 회복시킬 것
(3) 지체 없이 사업주에게 신고할 것

090 연삭 숫돌의 안전 작업에 관한 사항이다. 괄호에 적합한 숫자를 기입하시오.

기계안전관리

> 연삭숫돌은 작업 시작 전 (①)분 이상, 숫돌 교체 시 (②)분 이상, 시운전하여야 함

① 1분
② 3분

091 연삭기 숫돌이 파괴되는 원인 5가지를 적으시오.

기계안전관리

① 숫돌 자체에 균열이 있을 때
② 숫돌의 측면을 사용하여 작업할 때
③ 숫돌에 과대한 충격을 가할 때
④ 플랜지가 현저히 작을 때
⑤ 회전속도가 너무 빠를 때

092 연삭기 덮개 노출 각도에 관한 내용이다. 성능 기준에 따라 노출 각도를 쓰시오.

기계안전관리

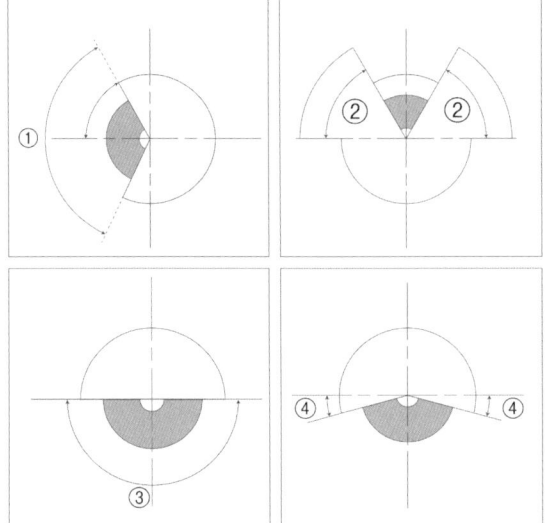

① 125° 이내
② 60° 이상
③ 180° 이내
④ 15° 이상

참고

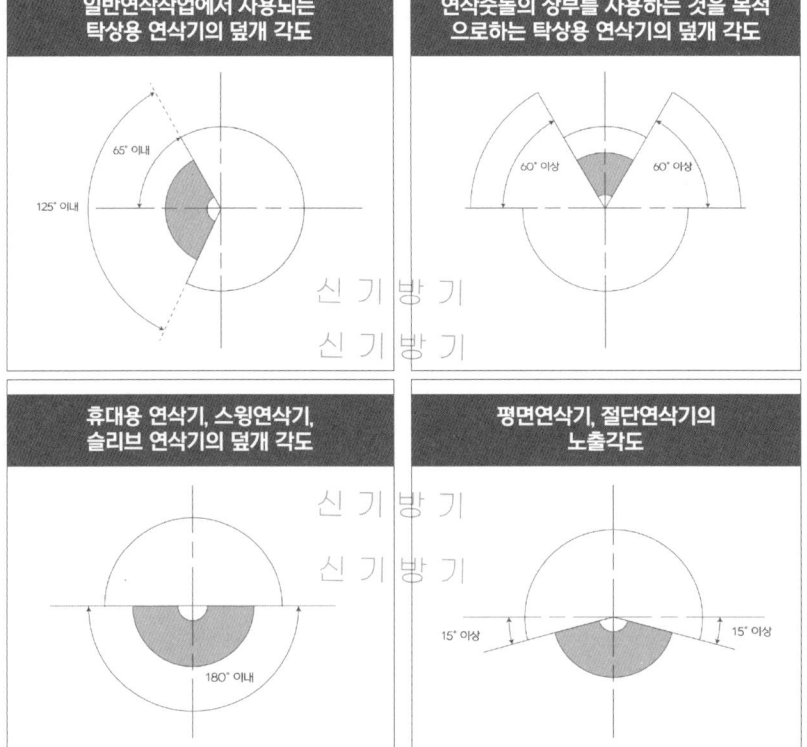

093 고정가드와 인터록가드를 설명하시오.

기계안전관리

① 고정가드 : 기계의 운동부분 (위험점) 에 신체가 접촉하는 것을 방지하는 목적으로 기계의 개구부에 고정하여 설치하는 가드
② 인터록가드 (연동가드) : 기계 작동 중 가드가 개폐되는 경우 기계가 정지하는 가드

094 방호장치 자율안전기준에 따른 연삭기 덮개의 일반구조에 관한 내용이다. (   ) 안에 적합한 내용을 쓰시오.

기계안전관리

(1) 탁상용 연삭기의 덮개에는 (①) 및 조정편을 구비하여야 한다.
(2) (②)는 연삭숫돌과의 간격을 (③)mm 이하로 조정할 수 있는 구조이어야 한다.
(3) 연삭기 덮개의 자율안전확인 표시 외에 추가 표시사항은 (④), (⑤)이다.

① 워크레스트
② 워크레스트
③ 3mm
④ 숫돌 사용 주속도
⑤ 숫돌 회전 방향

095 목재가공용 둥근톱기계의 방호장치 2가지를 쓰시오.

기계안전관리

① 날접촉 예방장치
② 반발 예방장치

신기방기 산업안전산업기사

096 기계안전관리

휴대용 목재 가공용 둥근톱의 방호장치인 가공 덮개의 구조 조건 3가지를 쓰시오.

① 휴대용 둥근톱 가공 덮개와 톱날 노출각은 45° 이내일 것
② 절단작업이 완료되었을 때 자동적으로 원위치에 되돌아오는 구조일 것
③ 이동 범위를 임의의 위치로 고정할 수 없을 것
④ 휴대용 둥근톱 덮개의 지지부는 덮개를 지지하기 위한 충분한 강도를 가질 것
⑤ 휴대용 둥근톱 덮개의 지지부의 볼트 및 이동 덮개가 자동적으로 되돌아오는 기계의 스프링 고정 볼트는 이완 방지 장치가 설치되어 있는 것일 것

097 기계안전관리

동력식 수동대패에 설치하여야 하는 방호장치명을 적고, 방호장치를 설치하는 경우 방호장치와 테이블 (송급 테이블) 과의 간격을 쓰시오

(1) 방호장치명 :
(2) 방호장치와 테이블과의 간격 :

(1) 칼날 접촉 방지장치 (날접촉예방장치)
(2) 8mm 이하

098 기계안전관리

프레스의 작업 시작 전 점검 사항 4가지를 쓰시오.

① 클러치 및 브레이크의 기능
② 프레스의 금형 및 고정볼트 상태
③ 방호장치의 기능
④ 전단기의 칼날 및 테이블의 상태
⑤ 크랭크축·플라이 휠·슬라이드·연결봉 및 연결나사의 볼트 풀림 여부
⑥ 1행정 1정지 기구·급정지장치 및 비상정지 장치의 기능
⑦ 슬라이드 또는 칼날에 의한 위험 방지기구의 기능

암기법 클/프/방/전

신기방기 꿀팁!
작업형에도 출제되며, 산업안전기사 시험의 필답 및 작업형에도 출제되는 문제이다.

필답

099 프레스 작업 시 사고방지를 위하여 설치하여야 하는 방호장치 종류를 3가지를 쓰시오.

기계안전관리

① 양수 조작식 방호장치
② 수인식 방호장치
③ 손쳐내기식 방호장치
④ 게이트가드식 방호장치
⑤ 광전자식 방호장치

> 암기법 > 양 / 수 / 손 / 게

100 다음 설명에 맞는 프레스 및 전단기의 방호장치를 각각 쓰시오.

기계안전관리

---
① 슬라이드 하행정 거리의 3/4 위치에서 손을 완전히 밀어내어야 한다.
② 슬라이드 하강 중 정전 또는 방호장치의 이상 시에 정지할 수 있는 구조이어야 한다.
③ 슬라이드 하강 중 정전 또는 방호장치의 이상 시에 정지하고, 1행정 1정지 기구에 사용할 수 있어야 한다.
④ 손목밴드는 착용감이 좋으며 쉽게 착용할 수 있는 구조이고, 수인끈은 작업자와 작업공정에 따라 그 길이를 조정할 수 있어야 한다.
---

① 손쳐내기식 방호장치
② 광전자식 방호장치
③ 양수조작식 방호장치
④ 수인식 방호장치

101 프레스의 손쳐내기식 방호장치에 관한 설명 중 ( ) 안에 알맞은 내용을 쓰시오..

기계안전
관리

(1) 손쳐내기판은 금형 크기의 (①) 이상 또는 높이가 행정 길이 이상이어야 한다.
(2) 손쳐내기 봉의 진폭은 (②)의 폭 이상으로 한다.
(3) 손쳐내기식 방호장치의 일반구조에 있어 슬라이드 하 행정 거리의 (③)위치 내에서 손을 완전히 밀어내야 한다.
(4) 방호판의 폭은 금형 폭의 (④) 이상이어야 하고, 행정길이가 300mm 이상의 프레스 기계에는 방호판 폭을 (⑤) mm로 해야 한다.

① 1/2
② 금형
③ 3/4
④ 1/2
⑤ 300mm

102 프레스의 광전자식 방호장치에 관한 설명이다. ( ) 안에 적합한 내용을 쓰시오.

기계안전
관리

(1) 프레스 또는 전단기에서 일반적으로 많이 활용하고 있는 형태로서 투광부, 수광부, 컨트롤 부분으로 구성된 것으로서 신체의 일부가 광선을 차단하면 기계를 급정지시키는 방호장치로 (①) 분류에 해당한다.
(2) 정상 동작 표시램프는 (②)색, 위험 표시램프는 (③)색으로 하며, 쉽게 근로자가 볼 수 있는 곳에 설치해야 한다.
(3) 방호장치는 릴레이, 리미트 스위치 등의 전기부품의 고장, 전원 전압의 변동 및 정전에 의해 슬라이드가 불시에 동작하지 않아야 하며, 사용 전원 전압의 ±(④)%의 변동에 대하여 정상으로 작동되어야 한다.

① A-1
② 녹색
③ 붉은(적)색
④ 20%

필답

103 기계안전관리

프레스의 금형을 부착, 해체, 조정 작업할 때 신체 일부가 위험점 내에서 슬라이드 불시 하강으로 인한 위험을 방지할 목적으로 설치하여야 하는 장치명을 쓰시오.

① 안전블록

104 기계안전관리

프레스의 수인식 방호장치의 일반구조 4가지를 쓰시오.

① 손목밴드(wrist band)의 재료는 유연한 내유성 피혁 또는 이와 동등한 재료를 사용해야 한다.
② 손목밴드는 착용감이 좋으며 쉽게 착용할 수 있는 구조이어야 한다.
③ 수인끈의 재료는 합성섬유로 직경이 4mm 이상이어야 한다.
④ 수인끈은 작업자와 작업공정에 따라 그 길이를 조정할 수 있어야 한다.
⑤ 수인끈의 안내통은 끈의 마모와 손상을 방지할 수 있는 조치를 해야 한다.
⑥ 각종 레버는 경량이면서 충분한 강도를 가져야 한다.
⑦ 수인량의 시험은 수인량이 링크에 의해서 조정될 수 있도록 되어야 하며 금형으로부터 위험한계 밖으로 당길 수 있는 구조이어야 한다.

105 기계안전관리

롤러의 방호장치의 급정지장치 설치 위치에 관한 다음 표의 빈 칸을 채우시오.

종류	설치 위치
손조작식	(①)
복부조작식	(②)
무릎조작식	(③)

① 밑면에서 1.8m 이내
② 밑면에서 0.8m 이상 ~ 1.1m 이내
③ 밑면에서 0.6m 이내 (0.4m 이상 ~ 0.6m 이내)

TIP 무릎조작식 1. 방호 장치 안전고시 기준 : 0.6m 이내
        2. 안전검사 고시 기준 : 0.4m ~ 0.6m 이내

106 기계안전관리

반복적으로 중량물을 취급하는 작업을 할 때, 실시하는 작업시작 전 점검사항 2가지를 쓰시오.

① 중량물 취급의 올바른 자세 및 복장
② 위험물이 날아 흩어짐에 따른 보호구의 착용
③ 카바이드· 생석회 등과 같이 온도상승이나 습기에 의하여 위험성이 존재하는 중량물의 취급방법

암기법 ▶ 중/위/카

신기방기 꿀팁!
작업형에도 출제되며, 산업안전기사 시험의 필답 및 작업형에도 출제되는 문제이다.

107 기계안전관리

경사면에서 드럼통 등의 중량물을 취급 시 준수하여야 하는 사항 2가지를 쓰시오.

① 구름멈춤대・쐐기 등을 이용하여 중량물의 동요나 이동을 조절할 것
② 중량물이 구를 위험이 있는 방향 앞의 일정 거리 이내로는 근로자의 출입을 제한할 것. 다만, 중량물을 보관하거나 작업 중인 장소가 경사면인 경우에는 경사면 아래로는 근로자의 출입을 제한해야 한다.

108 기계안전관리

지게차 작업 시작 전 점검 사항 4가지를 쓰시오.

① 제동장치 및 조종장치 기능의 이상 유무
② 하역장치 및 유압장치 기능의 이상 유무
③ 바퀴의 이상 유무
④ 전조등・후미등・방향지시기 및 경보장치 기능의 이상 유무
⑤ 전동지게차인 경우 지게차 배터리 이상 유무

암기법 ▶ 제/하/바/전

109. 크레인 작업 시작 전 점검 사항 3가지를 쓰시오.

① 권과방지장치 브레이크·클러치 및 운전장치의 기능
② 주행로의 상측 및 트롤리가 횡행하는 레일의 상태
③ 와이어로프가 통하고 있는 곳의 상태

암기법 권 / 주 / 와

110. 이동식 크레인 작업 시작 전 점검사항 3가지를 쓰시오.

① 권과방지장치 및 그 밖의 경보장치의 기능
② 브레이크·클러치 및 조정장치의 기능
③ 와이어로프가 통하고 있는 곳 및 작업 장소의 지반상태

암기법 권 / 브 / 와

참고

크레인	이동식 크레인
운전장치로 지칭함	탑승하여 조정하므로 조정장치라 지칭함

111 컨베이어 작업 시작 전 점검 사항 4가지를 적으시오.

① 원동기 · 회전축 · 기어 및 풀리 등의 덮개 또는 울 등의 이상 유무
② 이탈 등의 방지장치 기능의 이상 유무
③ 비상정지장치 기능의 이상 유무
④ 원동기 및 풀리 기능의 이상 유무

암기법 원/이/비/원

112 공기압축기 작업 시작 전 점검 사항 5가지를 적으시오.

① 윤활유의 상태
② 회전부의 덮개 또는 울
③ 압력방출장치의 기능
④ 공기저장 압력용기의 외관 상태
⑤ 드레인밸브의 조작 및 배수
⑥ 언로드밸브의 기능

암기법 윤/회/압/공/드/언 (윤회야 공들어~)

113 공기압축기의 서징현상 방지대책을 4가지를 쓰시오.

① 회전수를 조절한다.
② 배관 내 경사를 완만하게 한다
③ 배관 내의 잔류공기 방출
④ 조임밸브를 압축기에 근접해서 설치

필답

114 아세틸렌 또는 가스집합 용접장치에 설치하는 역화방지기 성능시험 종류 4가지를 쓰시오.

기계안전
관리

① 역화방지시험
② 역류방지시험
③ 기밀시험
④ 내압시험

> 암기법 **역/역/기/내**

115 아세틸렌 용접장치의 역화원인 4가지를 쓰시오.

기계안전
관리

① 압력조정기의 고장
② 산소공급이 과다할 때
③ 토치의 성능이 좋지 않을 때
④ 토치 팁에 이물질이 묻어 막혔을 경우

116 아세틸렌 용접장치 또는 가스집합 용접장치를 사용하는 금속의 용접·용단(容斷) 또는 가열작업(발생기, 도관 등에 의하여, 구성되는 용접장치만 해당)에서 사업주가 근로자에게 실시하여야 하는 특별안전보건교육의 내용 5가지를 쓰시오.

기계안전
관리

① 용접 흄, 분진 및 유해광선 등의 유해성
② 가스용접기, 압력조정기, 호스 및 취관두 (불꽃이 나오는 용접기의 앞부분) 등의 기기 점검
③ 작업방법, 순서 및 응급조치
④ 안전기 및 보호구 취급
⑤ 화재예방 및 초기대응

117 〔기계안전관리〕

아세틸렌 용접장치를 사용하여 금속의 용접·용단(容斷) 또는 가열작업을 하는 경우 준수하여야 할 사항이다. (   ) 안에 적합한 내용을 쓰시오.

> 발생기에서 (①) m 이내 또는 발생기실에서 (②) m 이내의 장소에서는 흡연, 화기의 사용 또는 불꽃이 발생할 위험한 행위를 금지시킬 것

① 5m
② 3m

118 〔기계안전관리〕

다음은 아세틸렌 발생기실의 설치에 관한 내용이다. (   ) 안에 적합한 숫자를 적으시오.

> (1) 발생기실은 건물의 최상층에 위치하여야 하며, 화기를 사용하는 설비로부터 (①) m 를 초과하는 장소에 설치하여야 한다.
> (2) 발생기실을 (②) 에 설치한 경우에는 그 개구부를 다른 건축물로부터 (③) m 이상 떨어지도록 하여야 한다.

① 3m
② 옥외
③ 1.5m

119 〔기계안전관리〕

가스집합 용접장치에 관한 내용이다. (   ) 안에 적합한 내용을 쓰시오.

> (1) 가스집합장치에 대해서는 화기를 사용하는 설비로부터 (①)m 이상 떨어진 장소에 설치하여야 한다.
> (2) 주관 및 분기관에는 안전기를 설치하여야 한다. 이 경우 하나의 취관에 (②)개 이상의 안전기를 설치하여야 한다.
> (3) 사업주는 용해아세틸렌의 가스집합용접장치의 배관 및 부속기구는 구리나 구리 함유량이 (③)% 이상인 합금을 사용해서는 아니된다.

① 5m
② 2개
③ 70%

필답

120 기계안전관리

산업안전보건법상, 안전기의 설치에 관한 내용일 때, ( ) 적합한 내용을 쓰시오.

(1) 사업주는 아세틸렌 용접장치의 (①) 마다 안전기를 설치하여야 한다. 다만, 주관 및 (①) 에 가장 가까운 (②) 마다 안전기를 부착한 경우에는 그러하지 아니하다.
(2) 사업주는 가스용기가 발생기와 분리되어 있는 아세틸렌 용접장치에 대하여는 (③) 와 가스용기 사이에 안전기를 설치하여야 한다.

① 취관
② 분기관
③ 발생기

121 기계안전관리

자율안전확인 대상 안전기에 자율안전확인 표시 외에 표시해야 할 내용 2가지를 쓰시오.

① 가스의 흐름 방향
② 가스의 종류

122 기계안전관리

가스장치실을 설치할 경우, 준수하여야 하는 가스장치실의 구조 3가지를 서술하시오.

① 가스가 누출된 때에는 가스가 정체되지 않도록 할 것
② 지붕 및 천장에는 가벼운 불연성 재료를 사용할 것
③ 벽에는 불연성 재료를 사용할 것

암기법 ▶ 가/지/벽

123 화학설비의 탱크 내 작업의 특별 교육내용 3가지를 쓰시오.

① 차단장치 • 정지장치 및 밸브 개폐 장치의 점검에 관한 사항
② 탱크 내의 산소 농도 측정 및 작업환경에 관한 사항
③ 안전보호구 및 이상 발생 시 응급조치에 관한 사항
④ 작업 절차, 방법 및 유해 • 위험에 관한 사항
⑤ 그 밖에 안전 • 보건관리에 필요한 사항

 암기법 차/탱/안/작

124 충전가스용기를 도색할 경우, 적합한 색채를 쓰시오.

가스 종류	색상
산소	①
수소	주황색
탄산가스	청색
염소	②
암모니아	백색
아세틸렌	③
그 외	회색

① 녹색
② 갈색
③ 황색

가스종류	색상
산소	녹색
수소	주황색
탄산가스	청색
염소	갈색
암모니아	백색
아세틸렌	황색
그 외	회색

필답

125 산업안전보건법에 의한 보일러의 방호장치 설치에 관한 내용이다. (   ) 안에 적합한 내용을 쓰시오.

기계안전
관리

> (1) 사업주는 보일러의 안전한 가동을 위하여 (①)를 1개 또는 2개 이상 설치하고 최고 사용압력 이하에서 작동되도록 하여야 한다.
> (2) 사업주는 보일러의 과열을 방지하기 위하여 최고사용압력과 사용압력 사이에서 보일러의 버너 연소를 차단할 수 있도록 (②)를 부착하여야 한다.

① 압력방출장치
② 압력제한스위치

126 다음은 보일러의 압력방출장치 설치에 관한 내용이다. (   ) 안에 적합한 내용을 쓰시오.

기계안전
관리

> 보일러에는 압력방출장치를 1개 또는 2개 이상 설치하고 (①) 이하에서 작동되도록 하여야 한다. 다만, 압력방출장치가 2개 이상 설치된 경우에는 (①) 이하에서 1개가 작동되고, 다른 압력방출장치는 최고사용압력의 (②) 배 이하에서 작동되도록 부착하여야 한다.

① 최고사용압력
② 1.05배

127 [전기]

전기 기계 • 기구를 설치하려는 경우 고려하여야 하는 사항 3가지를 쓰시오.

① 전기 기계 • 기구의 충분한 전기적 용량 및 기계적 강도
② 습기 • 분진 등 사용장소의 주위 환경
③ 전기적 • 기계적 방호수단의 적정성

128 [전기]

전로 등의 충전 부분에 접촉하거나 접근함으로써 감전 위험이 있는 충전 부분에 대하여 감전을 방지하기 위한 방법 (직접 접촉으로 인한 감전 방지 조치)을 3가지 쓰시오.

① **충**전부**가** 노출되지 아니하도록 폐쇄형 외함이 있는 구조로 할 것
② **충**전부**에** 충분한 절연효과가 있는 방호망 또는 절연덮개를 설치할 것
③ **충**전부**는** 내구성이 있는 절연물로 완전히 덮어 감쌀 것
④ 발전소, 변전소 및 개폐소 등 구획되어 있는 장소로서 관계 근로자가 아닌 사람의 출입이 금지되는 장소에 충전부를 설치하고, 위험표시 등의 방법으로 방호를 강화할 것
⑤ 전주 위 및 철탑 위 등 격리되어 있는 장소로서 관계 근로자가 아닌 사람이 접근할 우려가 없는 장소에 충전부를 설치할 것

암기법 › 충/충/충/가/에/는

129 [전기]

충전전로의 선간전압에 대한 접근한계거리를 적으시오.

충전전로의 선간전압(kV)	충전전로에 대한 접근 한계거리(cm)
0.3 초과 0.75 이하	(①)
37 초과 88 이하	(②)
145 초과 169 이하	(③)
88 초과 121 이하	(④)

① 30cm
② 110cm
③ 170cm
④ 130cm

필답

130 충전전로에서의 전기작업 시의 접근한계거리를 나타내고 있다. 적합한 접근 한계 거리를 쓰시오

전기

충전전로의 선간전압(kV)	충전전로에 대한 접근 한계거리(cm)
0.3 이하	(①)
0.3 초과 0.75 이하	30
0.75 초과 2 이하	(②)
2 초과 15 이하	60
15 초과 37이하	(③)
37 초과 88 이하	110
88 초과 121 이하	130
121 초과 145 이하	150
145 초과 169 이하	(④)
169 초과 242 이하	230
242 초과 362 이하	(⑤)
362 초과 550 이하	550
550 초과 800 이하	790

① 접촉금지
② 45cm
③ 90cm
④ 170cm
⑤ 380cm

참고

충전전로의 선간전압 (단위 : kV)	충전전로에 대한 접근 한계거리 (단위 : cm)
0.3 이하	접촉금지
0.3 초과 0.75 이하	30
0.75 초과 2 이하	45
2 초과 15 이하	60
15 초과 37이하	90
37 초과 88 이하	110
88 초과 121 이하	130
121 초과 145 이하	150
145 초과 169 이하	170
169 초과 242 이하	230
242 초과 362 이하	380
362 초과 550 이하	550

신기방기 꿀팁!
충전전로의 선간전압에 대한 접근 한계거리는 두가지 패턴으로 출제 되었습니다.
출제 빈도가 높으니 상단 참고표는 꼭 암기해 두세요!

131 충전전로에서의 전기작업(활선작업)시의 조치사항에 관한 내용이다. (   ) 안에 적합한 내용을 쓰시오.

전기

> (1) 충전전로를 취급하는 근로자에게 그 작업에 적합한 (①) 를 착용시킬 것
> (2) 충전전로에 근접한 장소에서 전기작업을 하는 경우에는 해당 전압에 적합한 (②) 를 설치할 것
> (3) 유자격자가 아닌 근로자가 충전전로 인근의 높은 곳에서 작업할 때에 근로자의 몸 또는 긴 도전성 물체가 방호되지 않은 충전전로에서 대지전압이 50kv이하인 경우에는 (③)cm 이내로, 대지전압이 50kv를 넘는 경우에는 (④) kv당 (⑤) cm씩 더한 거리 이내로 각각 접근할 수 없도록 할 것

① 절연용 보호구
② 절연용 방호구
③ 300cm
④ 10kv
⑤ 10cm

132 정전작업 시의 전로 차단 절차 (정전작업 전 조치사항) 를 설명하고 있다. (   ) 안에 적합한 내용을 쓰시오.

전기

> (1) 전기기기 등에 공급되는 모든 전원을 관련 도면, 배선도 등으로 확인할 것
> (2) 전원을 차단한 후 각 (①) 등을 개방하고 확인할 것
> (3) 차단 장치나 단로기 등에 (②) 및 꼬리표를 부착할 것
> (4) 개로 된 전로에서 유도전압 또는 전기에너지가 축적되어 근로자에게 전기 위험을 끼칠 수 있는 전기기기 등은 접촉하기 전에 (③) 를 완전히 방전시킬 것
> (5) (④) 를 이용하여 작업 대상 기기가 충전되었는지를 확인할 것
> (6) 전기기기 등이 다른 노출 충전부와의 접촉, 유도 또는 예비동력원의 역 송전 등으로 전압이 발생할 우려가 있는 경우에는 충분한 용량을 가진 (⑤) 를 이용하여 접지할 것

① 단로기
② 잠금장치
③ 잔류전하
④ 검전기
⑤ 단락 접지기구

133 [전기]

정전작업 시의 전로 차단 절차를 4가지 쓰시오.

① 전기기기 등에 공급되는 모든 전원을 관련 도면, 배선도 등으로 확인할 것
② 전원을 차단한 후 각 단로기 등을 개방하고 확인할 것
③ 차단 장치나 단로기 등에 잠금장치 및 꼬리표를 부착할 것
④ 개로 된 전로에서 유도전압 또는 전기에너지가 축적되어 근로자에게 전기 위험을 끼칠 수 있는 전기 기기 등은 접촉하기 전에 잔류전하를 완전히 방전시킬 것
⑤ 검전기를 이용하여 작업 대상 기기가 충전되었는지를 확인할 것
⑥ 전기기기 등이 다른 노출 충전부와의 접촉, 유도 또는 예비동력원의 역송전 등으로 전압이 발생할 우려가 있는 경우에는 충분한 용량을 가진 단락 접지기구를 이용하여 접지할 것

134 [전기]

산업안전보건법에 의하여 사업주는 절연용 보호구, 절연용 방호구, 활선작업용 기구, 활선작업용 장치에 대하여 각각의 사용 목적에 적합한 종별·재질 및 치수의 것을 사용해야 한다. 절연용 보호구 등을 사용하여야 하는 대상 작업 3가지를 쓰시오.

① 밀폐공간에서의 전기작업
② 이동 및 휴대장비 등을 사용하는 전기작업
③ 정전전로 또는 그 인근에서의 전기작업
④ 충전전로에서의 전기작업
⑤ 충전전로 인근에서의 차량, 기계장치 등의 작업

135 [전기]

산업안전보건법 상, ( ) 안에 적합한 내용을 쓰시오.

절연용 보호구 사용 규정은 대지전압이 (①) V 이하인 전기기계·기구·배선 또는 이동전선에 대해서는 적용하지 아니한다.

① 30V

136 누전에 의한 감전 위험을 방지하기 위하여 누전차단기를 설치해야 하는 기계·기구 3가지를 쓰시오.

전기

① 임시배선의 전로가 설치되는 장소에서 사용하는 이동형 또는 휴대형 전기기계·기구
② 대지전압이 150V를 초과하는 이동형 또는 휴대형 전기기계·기구
③ 철판·철골 위 등 도전성이 높은 장소에서 사용하는 이동형 또는 휴대형 전기기계·기구
④ 물 등 도전성이 높은 액체가 있는 습윤장소에서 사용하는 저압용 전기기계·기구

> 암기법 > 임/대/철/물

137 누전에 의한 감전을 방지하기 위하여 접지를 하여야하는 기계·기구 중 코드 및 플러그를 접속하여 사용하는 전기기계·기구의 종류를 3가지 적으시오.

전기

① 사용전압이 대지전압 150v를 넘는 것
② 고정형·이동형 또는 휴대용 전동기계·기구
③ 휴대형 손전등
④ 냉장고·세탁기·컴퓨터 및 주변기기 등과 같은 고정형 전기기계·기구

> 암기법 > 사/고/휴/냉

신기방기 꿀팁!
산업안전기사에 출제되는 문제입니다. 비슷한 유형의 문제이므로, 꼭 구별해서 암기해두세요.

138 누전차단기에 대한 설명이다. ( ) 안에 알맞은 내용을 쓰시오.

전기

전기기계, 기구에 설치되어 있는 누전차단기는 정격감도전류가 (①)mA 이하이고 작동 시간은 (②) 초 이내일 것. 다만, 정격전부하전류가 50암페어 이상인 전기기계·기구에 접속되는 누전차단기는 오작동을 방지하기 위하여 정격감도전류는 (③) mA 이하로, 작동 시간은 (④) 초 이내로 할 수 있다.

① 30mA
② 0.03초
③ 200mA
④ 0.1 초

필답

139 전기

( ) 안에 적합한 내용을 쓰시오.

전로의 사용전압(V)	DC 시험전압	절연저항
SELV (비접지회로) 및 PELV (접지회로)	(①) V	(②) MΩ
FELV(1차와 2차가 전기적으로 절연되지 않은 회로), 500 (V) 이하	(③) V	1.0 MΩ
500 (V) 초과	(④) V	1.0 MΩ

① 250V
② 0.5MΩ
③ 500V
④ 1,000V

140 전기

( ) 안에 적합한 수치를 쓰시오.

전압의 종별	교류	직류
저압	(①) 이하의 것	(②) 이하의 것
고압	(③) 초과 7000V 이하	1,500V 초과 7000V 이하
특별고압	(④) 초과	

① 1,000V
② 1,500V
③ 1,000V
④ 7,000V

141 전기

피뢰기가 구비해야 할 성능 5가지를 쓰시오.

① 반복 동작이 가능할 것
② 점검 보수가 간단할 것
③ 속류 차단 능력이 확실할 것
④ 충격 방전 개시 전압이 낮을 것
⑤ 제한 전압이 낮을 것

142 무부하 시의 감전을 방지하기 위하여 교류아크용접기에 설치하여야 하는 방호장치명을 쓰시오.

① 자동전격방지기

143 교류아크용접기에 관한 자동전격방지 장치 성능 기준에 답하시오.

> 사용전압이 220V 인 경우 출력측의 무부하 전압 실효값은 (①) V 이내
> 용접봉 홀더에 용접기 출력측의 무부하 전압이 발생한 후 주접점이 개방될 때까지의 시간은 (②) 초 이내

① 25V
② 1초

144 교류아크용접기에 자동전격방지기를 설치하여야 하는 장소 3가지를 쓰시오.

① 선박의 이중 선체 내부, 밸러스트(Ballast) 탱크, 보일러 내부 등 도전체에 둘러싸인 장소
② 추락할 위험이 있는 높이 2m 이상의 장소로 철골 등 도전성이 높은 물체에 근로자가 접촉할 우려가 있는 장소
③ 근로자가 물·땀 등으로 인하여 도전성이 높은 습윤 상태에서 작업하는 장소

145 교류아크용접기의 방호장치인 자동 전격 방지기 설치방법 4가지를 쓰시오.

① 연직 (불가피한 경우는 연직에서 20° 이내)으로 설치할 것
② 전격 방지기의 외함은 접지시킬 것
③ 접속부분은 확실하게 접속하여 이완되지 않도록 할 것
④ 접속부분을 절연테이프, 절연 카바 등으로 절연시킬 것

146. 보기의 교류아크용접기의 자동 전격 방지기 표시사항을 쓰시오.

```
                    SP-3A-H
(1) SP :
(2) 3A :
```

(1) 외장형
(2) - 3 : 출력측의 정격전류 300A
    - A : 용접기에 내장되어 있는 콘덴서의 유무에 관계없이 사용할 수 있는 것

참고: 교류아크용접기의 자동전격 방지기 표시사항

```
                EX : SP-3A-L
```
① 외장형 : SP
② 내장형 : SPB
③ 기호 SP 또는 SPB뒤의 숫자(□) : 출력 측의 정격전류의 100단위의 수치
                            (예 : 2.5는 250A, 3은 300A를 표시)
④ A : 용접기에 내장되어 있는 콘덴서의 유무에 관계없이 사용할 수 있는 것
  B : 콘덴서를 내장하지 않은 용접기에 사용하는 것
  C : 콘덴서 내장형 용접기에 사용하는 것
  E : 엔진구동 용접기에 사용하는 전격방지기를 표시
⑤ L : 저저항시동형
  H : 고저항시동형

147. 방호장치 자율안전확인 기준 중 교류아크용접기 자동전격방지기에 관한 내용이다. 설명에 적합한 용어를 쓰시오.

(1) (①)이란 용접기의 주회로(변압기의 경우는 1차회로 또는 2차회로)를 제어하는 장치를 가지고 있어, 용접봉의 조작에 따라 용접할 때에만 용접기의 주 회로를 형성하고, 그 외에는 용접기의 출력 측의 무부하 전압을 25V 이하로 저하시키도록 동작하는 장치를 말한다.
(2) (②)이란 용접봉을 피 용접물에 접촉시켜서 전격방지기의 주접점이 폐로(닫힐)될 때까지의 시간을 말한다.
(3) (③)이란 용접봉 홀더에 용접기 출력측의 무부하 전압이 발생한 후 주접점이 개방될 때까지의 시간을 말한다.
(4) (④)이란 정격전원전압(전원을 용접기의 출력 측에서 취하는 경우는 무부하 전압의 하한값을 포함한다.)에 있어서 전격방지기를 시동시킬 수 있는 출력회로의 시동감도를 말하고 명판에 표시된 것을 말한다.
(5) (⑤)이란 전격방지기가 동작하고 있는 경우에 출력 측(용접봉 홀더와 피 용접물 사이)에 생기는 정상 시 무부하 전압을 말한다.

① 자동전격방지기
② 시동시간
③ 지동시간
④ 표준시동감도
⑤ 무부하전압

148 전기

수변전 설비에 사용되는 용어이다. 물음에 답하시오.

(1) MOF의 명칭 :
(2) MOF의 정의 :

(1) 계기용 변성기
(2) 고전압을 저전압으로 변성한다

149 전기

정전기 발생 현상(정전기 대전)의 종류 4가지를 쓰시오.

① 마찰대전
② 유동대전
③ 박리대전
④ 충돌대전
⑤ 분출대전
⑥ 파괴대전

150 전기

정전기 발생 방지 대책 5가지를 쓰시오.

① 가습
② 도전성 재료 사용
③ 대전방지제 사용
④ 제전기 사용
⑤ 접지

필답

151 전기

인체에 대전된 정전기에 의한 화재 또는 폭발 위험에 있는 경우에 사업의 조치사항 4가지를 작성하시오.

① 정전기 대전 방지용 안전화 착용
② 제전복 착용
③ 정전기용 제전 용구 사용
④ 작업장 바닥 등에 도전성을 갖추도록 하는 등의 조치

152 전기

설명에 해당하는 정전기 대전의 종류를 쓰시오.

(1) 밀착된 물체가 떨어지면서 전하 분리에 의해 정전기가 발생하는 현상
(2) 액체류 등을 파이프 등으로 이송할 때 액체류가 파이프 등의 고체류와 접촉하면서 두 물질 사이의 경계에서 전기 이중층이 형성되고 이 이중층을 형성하는 전하의 일부가 액체류의 유동과 같이 이동하기 때문에 대전되는 현상
(3) 기체, 액체, 분체류가 단면적이 작은 분출구를 통해 공기 중으로 분출될 때 분출 물질과 분출구의 마찰에 의해 발생되는 현상
(4) 기름을 주파수에 넣어 교반 시키면 진동 주파수에 따라 대전 전압에 극소치가 생긴다. 이 극소치 부분을 제외하면 대전은 진폭이 커질수록 커지며, 진동수가 빨라질수록 커지는 현상

(1) 박리대전
(2) 유동대전
(3) 분출대전
(4) 교반대전

참고

정전기 발생 현상

① 마찰대전 : 두 물체 사이의 마찰로 인한 접촉, 분리에서 발생한다.
② 충돌대전 : 입자와 다른 고체와의 충돌과 급속한 분리에 의해 발생한다.
③ 파괴대전 : 고체, 분체류와 같은 물체가 파괴됐을 때 전하분리 또는 전하의 균형이 깨지면서 정전기가 발생한다.

153 기호에 알맞은 방폭구조의 명칭을 쓰시오.

Ex d : ①	Ex ia, ib : ⑥
Ex p : ②	Ex m : ⑦
Ex q : ③	Ex n : ⑧
Ex o : ④	Ex s : ⑨
Ex e : ⑤	

① 내압 방폭구조
② 압력 방폭구조
③ 충전 방폭구조
④ 유입 방폭구조
⑤ 안전증 방폭구조
⑥ 본질안전 방폭구조
⑦ 몰드 방폭구조
⑧ 비점화 방폭구조
⑨ 특수 방폭구조

154 다음 분진방폭구조의 기호를 쓰시오.

(1) 용기 분진방폭구조 :
(2) 본질안전 분진방폭구조 :
(3) 몰드 분진방폭구조 :
(4) 압력 분진방폭구조 :

(1) tD
(2) iD
(3) mD
(4) pD

155 사업주가 폭발위험장소의 구분도를 작성하는 경우에 가스폭발 위험장소 또는 분진폭발 위험장소로 설정하여 관리하여야 하는 장소 2곳을 쓰시오.

① 인화성 액체의 증기나 인화성 가스 등을 제조·취급 또는 사용하는 장소
② 인화성 고체를 제조·사용하는 장소

필답

156 산업안전보건법에서 정하는 위험물의 정의 및 종류에 관한 내용이다. ( ) 안에 적합한 내용을 쓰시오.

화학

(1) 부식성 산류
- 농도가 (①)이상인 염산, 황산, 질산, 그 밖에 이와 같은 정도 이상의 부식성을 가지는 물질
- 농도가 (②) 이상인 인산, 아세트산, 불산, 그 밖에 이와 같은 정도 이상의 부식성을 가지는 물질
- 부식성 염기류 : 농도가 (③) 이상인 수산화나트륨, 수산화칼륨, 그 밖에 이와 같은 정도 이상의 부식성을 가지는 염기류

(2) 인화성 액체
- 에틸에테르, 가솔린, 아세트알데히드, 산화프로필렌, 그 밖에 인화점이 섭씨 (④) 미만이고 초기 끓는점이 섭씨 35도 이하인 물질
- 노르말헥산, 아세톤, 메틸에틸케톤, 메틸알코올, 에틸알코올, 이황화탄소, 그 밖에 인화점이 섭씨 (⑤) °c 미만이고 초기 끓는점이 섭씨 35°C를 초과하는 물질
- 크실렌, 아세트산아밀, 등유, 경유, 테레핀유, 이소아밀알코올, 아세트산, 하이드라진, 그 밖에 인화점이 섭씨 23°c 이상 섭씨 (⑥) 이하인 물질

① 20%
② 60%
③ 40%
④ 23°C
⑤ 23°C
⑥ 60°C

참고

폭발성 물질 및 유기과산화물	물반응성 물질 및 인화성 고체
유기과산화물	리튬
아조화합물	칼륨,나트륨
디아조화합물	황
질산에스테르	황린
하이드라진 유도체	황화인, 적린
니트로 화합물	셀룰로이드류
니트로소화합물	알킬알루미늄,알킬리튬
	마그네슘 분말
	금속 분말
	알칼리 금속
	유기금속 화합물
	금속의 수소화물
	금속의 인화물
	칼슘 탄화물, 알루미늄 탄화물

- 알킬(kyl)알루미늄
- 알킬(kyl)리튬
- 알칼(kal)리금속

 * 킬(kyl)/칼(kal)에 유의하세요.

157 화학

아래표를 보고 '물반응성 물질 및 인화성 고체' 그리고 '폭발성 물질 및 유기과산화물'을 2가지씩 적으시오.

① 수소	② 황
③ 리튬	④ 니트로소화합물
⑤ 염소산칼륨	⑥ 하이드라진유도체
⑦ 과망간산	⑧ 아세톤

(1) 물반응성 물질 및 인화성 고체 : ②, ③
(2) 폭발성 물질 및 유기과산화물 : ④, ⑥

158 화학

산업안전보건법상의 급성 독성물질을 설명하고 있다. 빈칸을 쓰시오.

(1) LD50은 (①)mg/kg을 쥐에 대한 경구 투입실험에 의하여 실험동물의 50%를 사망 시킨다.
(2) LD50은 (②)mg/kg을 쥐 또는 토끼에 대한 경피 흡수실험에서 의하여 실험동물의 50%를 사망시킨다.
(3) LC50은 가스로 (③)ppm을 쥐에 대한 4시간 동안 흡입실험에 의하여 실험동물의 50%를 사망시킨다.
(4) LC50은 증기로 (④)mg/ℓ을 쥐에 대한 4시간 동안 흡입실험에 의하여 실험동물의 50%를 사망시킨다.

① 300mg/kg
② 1,000mg/kg
③ 2,500ppm
④ 10mg/ℓ

159 화학

LD50을 설명하시오.

① 1회 투여로 실험 동물의 50%를 사망케 하는 양

참고

물질명	단위
암모니아	25ppm
사염화탄소	5ppm
염화수소	1ppm
과산화수소	1ppm
불소	0.1ppm

필답

160 화학

TLV-TWA 정의를 작성하시오.

① 1일 8시간 작업 동안에 노출된 유해물질의 시간 가중 평균농도 상한치

161 화학

산업안전보건법령 상, 밀폐 공간에서 작업을 시작하기 전에 근로자가 안전한 상태에서 작업하도록 사업주가 확인하여야 할 사항 6가지를 쓰시오.

① 작업 일시, 기간, 장소 및 내용 등 작업 정보
② 관리감독자, 근로자, 감시인 등 작업자 정보
③ 산소 및 유해가스 농도의 측정 결과 및 후속 조치사항
④ 작업 중 불활성가스 또는 유해가스의 누출·유입·발생 가능성 검토 및 후속 조치 사항
⑤ 작업 시 착용하여야 할 보호구의 종류
⑥ 비상연락체계

162 화학

밀폐 공간에서 전기 용접 작업 실시 시, 특별 교육내용 4가지를 쓰시오.

① 환기설비에 관한 사항
② 전격 방지 및 보호구 착용에 관한 사항
③ 질식 시 응급조치에 관한 사항
④ 작업환경 점검에 관한 사항
⑤ 작업순서, 안전 작업 방법 및 수칙에 관한 사항

> 암기법 환/전/질/작/작

163 화학

밀폐 공간 작업 시 특별안전교육사항 4가지를 쓰시오.

① 산소 농도 측정 및 작업환경에 관한 사항
② 사고 시 응급처치 및 비상시 구출에 관한 사항
③ 보호구 착용 및 사용방법에 관한 사항
④ 작업 내용·안전 작업 방법 및 절차에 관한 사항

> 암기법 산/사/보/작

164 밀폐 공간 작업 시, 관리감독자 의무 3가지를 쓰시오.

① 작업을 하는 장소의 산소 여부의 적절성을 작업 시작 전 확인
② 환기장치, 측정장비 등을 작업 시작 전에 점검
③ 근로자에게 송기마스크 등의 착용을 지도 및 점검
④ 밀폐공간 작업의 안전 작업 방법에 관한 사항

암기법 작/환/근/밀

165 밀폐 공간에서의 안전 수칙 3가지를 쓰시오.

① 작업 시작 전 산소 및 유해가스농도 측정
② 근로자 입·퇴장 시, 인원 점검
③ 관계자 외 출입 금지 표시 또는 출입 금지 표지판을 설치
④ 작업장과 외부에서의 작업지휘자(감시인) 간에 상시 연락 가능한 설비 구축

암기법 작/근/관/작

166 밀폐공간 작업 프로그램 내용 4가지를 작성 하시오.

① 안전보건교육 및 훈련
② 사업장 내 밀폐공간의 위치 파악 및 관리 방안
③ 작업 시작 전, 사전에 필요한 사항에 대한 확인
④ 밀폐 공간 내 사고 발생 우려되는 유해·위험 요인의 파악 및 관리 방안

암기법 안/사/작/밀

필답

167 화학물질의 분류·표시 및 물질안전보건자료에 관한 기준상, 물질안전보건자료(MSDS) 작성 시 포함사항 16가지 중 [제외]사항을 뺀 4가지를 작성하시오.

화학

> **제 외**
> ① 화학제품과 회사에 관한 정보 ④ 물리화학적 특성
> ② 구성성분의 명칭 및 함유량 ⑤ 폐기 시 주의사항
> ③ 취급 및 저장방법 ⑥ 그 밖의 참고사항

① 유해성·위험성
② 응급조치요령
③ 폭발·화재시 대처방법
④ 누출사고시 대처방법
⑤ 노출방지 및 개인보호구
⑥ 안정성 및 반응성
⑦ 독성에 관한 정보
⑧ 환경에 미치는 영향
⑨ 운송에 필요한 정보
⑩ 법적규제 현황

 참고

물질안전보건자료 작성항목(16가지)	
화학제품과 회사에 관한 정보	물리화학적 특성
유해위험성	안정성 및 반응성
구성성분의 명칭 및 함유량	독성에 관한 정보
응급조치요령	환경에 미치는 영향
폭발·화재 시 대처방법	폐기 시 주의사항
누출사고 시 대처방법	운송에 필요한 정보
취급 및 저장방법	법적규제 현황

168 유해물질을 제조하거나, 취급하는 장소에 게시하여야 하는 사항 5가지를 쓰시오.

화학

① 관리대상 유해물질의 명칭
② 인체에 미치는 영향
③ 착용하여야 할 보호구
④ 취급상의 주의사항
⑤ 응급처치와 긴급 방재 요령

암기법 관/인/착/취/응

169 산업안전보건법령 상, 사업주가 작업장에서 취급하는 물질안전보건자료의 내용을 근로자에게 교육하여야 하는 내용 2가지 쓰시오.

화학

① 물질안전보건자료 대상물질을 제조·사용·운반 또는 저장하는 작업에 근로자를 배치하게 된 경우
② 새로운 물질안전보건자료 대상물질이 도입된 경우
③ 유해성·위험성 정보가 변경된 경우
⑥ 물질안전보건자료 및 경고표지를 이해하는 방법

170 물질안전보건자료(MSDS)에 관한 교육을 실시할 경우 교육내용 5가지를 쓰시오.

화학

① 대상 화학물질의 명칭
② 물리적 위험성 및 건강 유해성
③ 취급상의 주의사항
④ 적절한 보호구
⑤ 응급조치 요령 및 사고 시 대처방법
⑥ 물질안전보건자료 및 경고표지를 이해하는 방법

암기법 대/물/취/적/응

171 위험물을 기준량 이상으로 제조하거나, 취급하는 경우, 사업주가 내부의 이상 상태를 조기에 파악하기 위하여 필요한 온도계·유량계·압력계 등의 계측장치를 설치하여야 하는 화학설비의 종류 3가지를 쓰시오.

화학

① 발열반응이 일어나는 반응장치
② 증류·정류·증발·추출 등 분리를 행하는 장치
③ 가열시켜주는 물질의 온도가 가열되는 위험물질의 분해온도 또는 발화점 보다 높은 상태에서 운전 되는 설비
④ 반응폭주 등 이상 화학반응에 의하여 위험물질이 발생할 우려가 있는 설비
⑤ 온도가 섭씨 350도 이상이거나 게이지 압력이 980kPa 이상인 상태에서 운전되는 설비
⑥ 가열로 또는 가열기

172

화학

화학설비 및 시설 설치 시 유지하여야 하는 안전거리 기준이다. (   )를 채우시오.

> (1) 단위 공정시설, 설비로부터 다른 공정시설 및 설비 사이 : 10m 이상 이격
> (2) 플레어스택으로부터 위험물 저장탱크, 위험물 하역설비 사이 : 반경 (①)m 이상 이격
> (3) 위험물 저장탱크로부터 단위 공정설비, 보일러, 가열로 사이 : 저장탱크 외면에서 (②) m 이상 이격
> (4) 사무실, 연구실, 식당 등으로 부터 공정설비, 위험물 저장탱크, 보일러, 가열로 사이 : 사무실 등 외면으로부터 (③) m 이상 이격

① 20m
② 20m
③ 20m

173

화학

가스폭발 위험장소 또는 분진폭발 위험장소에 설치되는 건축물 등에 대해서 내화구조로 하여야 하는 부분 3가지를 쓰시오.

① 건축물의 기둥 및 보
 : 지상 1층 (지상 1층의 높이가 6m를 초과하는 경우에는 6m) 까지
② 위험물 저장·취급용기의 지지대 (높이가 30cm 이하인 것은 제외한다)
 : 지상으로부터 지지대의 끝부분까지
③ 배관, 전선관 등의 지지대
 : 지상으로부터 1단 (1단의 높이가 6m를 초과하는 경우에는 6m) 까지

174

화학

사업주가 화재감시자를 지정하여 용접·용단 작업 장소에 배치하여야 하는 장소 3곳을 적으시오.

① 작업반경 11m 이내에 건물구조 자체나 내부에 가연성 물질이 있는 장소
② 작업반경 11m 이내의 바닥 하부에 가연성 물질이 11m 이상 떨어져 있지만 불꽃에 의해 쉽게 발화될 우려가 있는 장소
③ 가연성 물질이 금속으로 된 칸막이·벽·천장 또는 지붕의 반대쪽 면에 인접해 있어 열전도나 열복사에 의해 발화될 우려가 있는 장소

175

가연물이 있는 장소에서 하는 화재위험작업의 특별교육의 내용 4가지를 쓰시오.
(단, 그 밖에 안전·보건관리에 필요한 사항은 제외한다.)

화학

① 작업 준비 및 작업 절차 수립
② 작업장 내 위험물의 사용·보관 현황 파악
③ 작업근로자에 대한 화재예방 및 피난교육 등 비상조치
④ 화기작업에 따른 인근 가연성물질에 대한 방호조치 및 소화기구 비치
⑤ 용접불티 비산방지덮개, 용접방화포 등 불꽃, 불티 등 비산방지조치
⑥ 인화성 액체의 증기 및 인화성 가스가 남아 있지 않도록 환기 등의 조치

암기법 작 / 작 / 작 / 화

176

산업안전보건법에 따라 이상 화학반응 밸브의 막힘 등 이상 상태로 인한 압력 상승으로 당해 설비의 최고 사용압력을 구조적으로 초과할 우려가 있는 화학 설비 및 그 부속 설비에 안전밸브 또는 파열판을 설치하여야 한다.
이때 반드시 파열판을 설치해야 하는 이유 2가지를 쓰시오.

화학

① 반응폭주 등 급격한 압력상승의 우려가 있는 경우
② 급성독성물질의 누출로 인하여 주위의 작업환경을 오염시킬 우려가 있는 경우
③ 운전 중 안전밸브에 이상 물질이 누적되어 안전밸브가 작동되지 아니할 우려가 있는 경우

암기법 반 / 급 / 운

필답

177 산업안전보건법령상, 과압에 따른 폭발을 방지하기 위하여 폭발 방지 성능과 규격을 갖춘 안전밸브 또는 파열판을 설치하여야 하는 설비에 해당하는 경우 3가지를 쓰시오.

화학

① 정변위 압축기
② 정변위 펌프 (토출축에 차단밸브가 설치된 것만 해당)
③ 배관 (2개 이상의 밸브에 의하여 차단되어 대기온도에서 액체의 열팽창에 의하여 파열될 우려가 있는 것으로 한정)
④ 압력용기 (안지름이 150 mm 이하인 압력용기는 제외하며, 압력 용기 중 관형 열 교환기의 경우에는 관의 파열로 인하여 상승한 압력이 압력용기의 최고사용압력을 초과할 우려가 있는 경우만 해당한다.)
⑤ 그 밖의 화학설비 및 그 부속설비로서 해당 설비의 최고사용압력을 초과할 우려가 있는 것

암기법 정/정/배

178 최고사용압력을 초과할 우려가 있는 화학설비 및 그 부속설비에 설치하여야 하는 방호장치 중 반응 폭주 등 급격한 압력 상승의 우려가 있는 경우 설치하여야 하는 방호장치명을 쓰시오.

화학

① 파열판

179 안전인증 파열판에 안전인증의 표시 외에 추가로 표시해야 하는 사항 5가지를 쓰시오.

화학

① 호칭지름
② 용도(요구성능)
③ 설정파열압력(MPa) 및 설정온도(°C)
④ 분출용량(kg/h) 또는 공칭분출계수
⑤ 파열판의 재질
⑥ 유체의 흐름방향 지시

180 고체의 연소 형태 4가지를 쓰시오.

화학

① 표면 연소
② 분해 연소
③ 증발 연소
④ 자기 연소

181 폭굉현상에서 폭굉 유도거리 (DID) 가 짧아지는 조건 3가지를 쓰시오.

① 압력이 높을수록
② 관지름이 작을수록
③ 점화원의 에너지가 클수록
④ 관 속에 방해물이 있을 때
⑤ 정상연소 속도가 큰 혼합가스일수록

182 분진폭발이 발생되는 과정을 나타내고 있다. 폭발이 발생하는 순서대로 번호를 쓰시오.

① 입자 표면 열분해 및 기체 발생
② 주위의 공기와 혼합
③ 입자 표면 온도 상승
④ 폭발열에 의한 주위 입자 온도 상승 및 열분해
⑤ 점화원에 의한 폭발

③ → ① → ② → ⑤ → ④

183 분진폭발 위험성을 증가시키는 요소 5가지를 쓰시오.

① 입자가 작을수록 폭발이 용이하다.
② 표면적이 클수록 폭발이 용이하다.
③ 발열량이 클수록 폭발이 용이하다.
④ 휘발성분이 많을수록 폭발이 용이하다.
⑤ 분진의 부유성이 클수록 폭발이 용이하다.

참고 산업안전보건법상의 위험 물질의 종류

입도와 입도분포	입자가 작고 표면적이 클수록 폭발이 용이하다.
분진의 화학적 성분과 반응성	발열량이 클수록, 휘발성분이 많을수록 폭발이 용이하다.
입자의 형상과 표면의 상태	입자의 형상이 구형(求刑)일수록 폭발성이 약하고 입자의 표면이 산소에 대한 활성을 가질수록 폭발성이 높다.
분진 속의 수분	분진 속에 수분이 있으면 부유성 및 정전기 대전성을 감소시켜 폭발의 위험이 낮아진다.
분진의 부유성	분진의 부유성이 클수록 공기 중 체류시간이 길어져 폭발이 용이하다.

필답

184 화학
불활성화방법 중 퍼지의 종류 4가지를 쓰시오.

① 스위프퍼지
② 압력퍼지
③ 진공퍼지
④ 사이펀퍼지

185 화학
할로겐 소화약제의 할로겐 원소 4가지를 쓰시오.

① I (요오드)
② F (불소, 플루오르)
③ Cl (염소)
④ Br (브롬)

186 화학
전기화재를 화재의 종류에 따라 분류하고 적응 소화기 3가지를 쓰시오.

(1) 분류 :
(2) 적응 소화기 :

(1) C급 화재
(2) 이산화탄소 소화기, 할로겐화합물 소화기, 인산염류분말 소화기, 탄산수소염류분말소화기

암기법 일백/유황/전청/금무

> 참고

유형	종류	색	소화방법
A	일반화재	백색	냉각소화
B	유류화재	황색	질식소화
C	전기화재	청색	질식소화
D	금속화재	무색	피복소화

187 화재에 적응성이 있는 소화기의 종류를 [보기]에서 골라 쓰시오.

[보 기]
① 포 소화기   ② 이산화탄소소화기
③ 봉상수소화기   ④ 봉상수강화액소화기
⑤ 할로겐화합물소화기   ⑥ 분말소화기

(1) 전기화재에 사용 (3가지) :
(2) 인화성 액체 (4가지) :
(3) 자기반응성 물질 (3가지) :

(1) ②, ⑤, ⑥
(2) ①, ②, ⑤, ⑥
(3) ①, ③, ④

188 환기방식 중 강제환기에 대하여 쓰시오.

① 송풍기를 이용하여 강제적으로 환기하는 방식을 말한다.

필답

189 건설용 리프트·곤돌라를 이용한 작업의 특별안전보건교육내용 4가지를 쓰시오.

건설안전
관리

① 신호방법 및 공동작업에 관한 사항
② 기계·기구·달기 체인 및 와이어 등의 점검에 관한 사항
③ 방호장치의 기능 및 사용에 관한 사항
④ 기계·기구의(에) 특성 및 동작원리에 관한 사항

암기법 신/기/방/기

190 위험기계, 기구 안전인증 고시 상, 크레인에 걸리는 하중 중에서 정격하중과 권상하중의 정의를 각각 쓰시오.

건설안전
관리

(1) 정격하중 : 크레인의 권상하중에서 훅, 크래브 또는 버킷 등 달기기구의 중량에 상당하는 하중을 뺀 하중. 다만, 지브가 있는 크레인 등으로서 경사각의 위치, 지브의 길이에 따라 권상능력이 달라지는 것은 그 위치의 권상하중에서 달기기구의 중량을 뺀 하중 가운데 최대치.
(2) 권상하중 : 들어 올릴 수 있는 최대 하중

191 다음 [보기]에서 설명하는 양중기의 종류를 쓰시오.

건설안전
관리

[보 기]
① 달기발판 또는 운반구, 승강장치, 그 밖의 장치 및 부속된 기계부품에 의하여 구성되고, 와이어로프 또는 달기강선에 의하여 달기발판 또는 운반구가 전용 승강장치에 의하여 오르내리는 설비

② 동력을 사용하여 사람이나 화물을 운반하는 것을 목적으로 하는 기계 설비

① 곤돌라
② 리프트

192

위험기계, 기구 안전인증 고시 상, 크레인에 관련된 내용으로 (   ) 안에 적합한 내용을 쓰시오.

> (1) 팬던트 스위치는 크레인의 비상정지용 누름 버튼과 손을 떼면 자동적으로 (①) 로 복귀되는 작동 종류에 대한 누름버튼 또는 스위치 등이 비치되어 있고, 정상적으로 작동해야 한다.
> (2) 조작 전압은 대지전압 교류 (②) V 이하 또는 직류 (③) V 이하일 것

① 정지 위치
② 150V
③ 300V

193

이동식 크레인의 방호장치 종류 4가지를 작성하시오.

① 권과방지장치
② 과부하방지장치
③ 제동장치
④ 비상정지장치

암기법 권/과/제/비

194

산업안전보건법상의 양중기의 종류 5가지를 쓰시오.

① 리프트 (이삿짐용은 적재 하중 0.1t 이상 으로 한정)
② 곤돌라
③ 승강기
④ 크레인 (호이스트 포함)
⑤ 이동식크레인

필답

195 산업안전보건법령 상, 승강기 종류 4가지를 쓰시오.

건설안전관리

① 승객용 엘리베이터
② 승객화물용 엘리베이터
③ 화물용 엘리베이터
④ 소형화물용 엘리베이터
⑤ 에스컬레이터

196 리프트 및 승강기의 설치·조립·수리·점검 또는 해체 작업을 하는 경우의 조치사항 3가지를 쓰시오.

건설안전관리

① 작업을 지휘하는 사람을 선임하여 그 사람의 지휘하에 작업을 실시할 것
② 작업을 할 구역에 관계 근로자가 아닌 사람의 출입을 금지하고 그 취지를 보기 쉬운 장소에 표시할 것
③ 비, 눈, 그 밖에 기상상태의 불안정으로 날씨가 몹시 나쁜 경우에는 그 작업을 중지 시킬 것

197 지게차 헤드가드가 갖추어야 하는 조건 3가지를 서술하시오.

건설안전관리

① 상부틀의 각 개구의 폭 또는 길이는 16cm 미만으로 할 것
② 강도는 지게차 최대 하중의 2배 (4톤이 넘으면 4톤으로 한다.)에 해당하는 등분포정 하중에 견딜 것
③ 운전자가 앉아서 조작하거나 서서 조작하는 지게차의 헤드가드는 한국산업표준에서 정하는 높이기준의 이상일 것 (좌식 : 0.903m이상, 입식 : 1.905m이상)

TIP 단위 조심해서 외워 주세요.

198 건설안전관리

보일링 현상 방지 대책 3가지를 쓰시오.

① 지하수위 저하
② 지하수 흐름 변경
③ 흙막이 벽을 깊게 설치

199 건설안전관리

히빙 현상 방지 대책 3가지를 쓰시오.

① 지하수위 저하
② 웰포인트 공법 병행
③ 흙막이 벽을 깊게 설치

200 건설안전관리

굴착 시에 보일링 현상이 발생하기 쉬운 지반의 종류(조건)를 쓰시오.

① 사질지반

201 건설안전관리

굴착 작업 시 히빙(Heaving)현상이 발생하기 쉬운 지반 조건과 히빙 현상 발생 원인 2가지를 쓰시오.

(1) 지반 조건 :
(2) 발생 원인 :

(1) 연약한 점토 지반
(2) ① 흙막이벽 근입 깊이 부족
    ② 흙막이 내외부 중량 차이
    ③ 지표재하중

202
건설안전관리

굴착작업에 있어서 지반의 붕괴 등에 의한 위험방지 조치사항 3가지를 쓰시오.

① 흙막이 지보공의 설치
② 방호망의 설치
③ 근로자의 출입금지 등 위험을 방지하기 위하여 필요한 조치
④ 비가 올 경우를 대비하여 측구를 설치하거나 굴착사면에 비닐을 덮는 등 빗물 등의 침투에 의한 붕괴재해를 예방하기 위하여 필요한 조치

203
건설안전관리

굴착작업 시, 토사 등의 붕괴 또는 낙하에 의하여 근로자에게 위험을 미칠 우려가 있는 경우, 사업주의 조치사항 3가지를 쓰시오.

① 흙막이 지보공의 설치
② 방호망의 설치
③ 근로자의 출입금지

204
건설안전관리

유한 사면의 붕괴 유형 3가지를 쓰시오.

① 사면선단 붕괴
② 사면 내 붕괴
③ 사면저부 붕괴

205
건설안전관리

굴착 작업 시 토사 붕괴를 방지하기 위하여 점검을 하여야 하는 시기를 4가지 쓰시오.

① 작업 전
② 작업 중
③ 작업 후
④ 비온 후
⑤ 인접 작업구역에서 발파한 후

206 건설안전관리

터널굴착 작업 작업계획서에 포함하여야 하는 사항 3가지를 쓰시오.

① 굴착의 방법
② 터널지보공 및 복공의 시공방법과 용수의 처리 방법
③ 환기 또는 조명시설을 설치할 때에는 그 방법

207 건설안전관리

산업안전보건법에 따라 굴착면의 높이가 2m 이상이 되는 지반의 굴착 작업을 하는 경우 작성하여야 하는 작업계획서 포함사항 4가지를 적으시오.

① 굴착 방법 및 순서, 토사 반출 방법
② 필요한 인원 및 장비 사용계획
③ 매설물 등에 대한 이설·보호대책
④ 작업지휘자의 배치계획

> 암기법 **굴/필/매/작**

208 건설안전관리

해체 작업의 해체작업계획서 내용 4가지를 쓰시오.

① 해체의 방법 및 해체순서 도면
② 해체작업용 기계·기구 등의 작업계획서
③ 해체물의 처분계획
④ 사업장 내 연락방법
⑤ 가설설비, 방호설비, 환기 설비 및 살수, 방화설비 등의 방법
⑥ 해체작업용 화약류 등의 사용계획서

> 암기법 **해/해/해/사**

209 건설안전관리

타워크레인 설치·조립·해체하는 작업의 작업계획서 내용 4가지를 쓰시오.

① 타워크레인의 종류 및 형식
② (타워크레인)의 지지 방법
③ 설치·조립 및 해체순서
④ 작업인원의 구성 및 작업근로자의 역할 범위

> 암기법 **타/타(지)/설/작**

210 건설안전관리

타워크레인 등 작업 중 악천후 시 조치기준이다. ( ) 안에 적합한 내용을 쓰시오.

(1) 순간풍속이 초당 (①)m를 초과하는 바람이 불어올 경우 타워크레인의 설치·수리·점검 또는 해체작업을 중지
(2) 순간풍속이 초당 (②)m를 초과하는 바람이 불거나 중진 이상 진도의 지진이 있은 후 옥외에 설치되어 있는 양중기 각 부위 이상이 있는지를 점검
(3) 순간풍속이 초당 (③)m를 초과하는 바람이 불어올 경우 타워크레인의 운전 작업을 중지

① 10m
② 30m
③ 15m

211 건설안전관리

강풍에 대한 주행 크레인, 양중기, 승강기의 안전 기준이다. ( ) 안에 적합한 내용을 쓰시오.

(1) 사업주는 순간풍속이 초당 (①) m를 초과하는 바람이 불어올 우려가 있는 경우 옥외에 설치되어 있는 주행 크레인에 대하여 이탈 방지장치를 작동시키는 등 이탈 방지를 위한 조치를 하여야 한다.
(2) 사업주는 순간풍속이 초당 (②) m를 초과하는 바람이 불어올 우려가 있는 경우 건설용 리프트(지하에 설치되어 있는 것은 제외)에 대하여 받침의 수를 증가시키는 등 그 붕괴 등을 방지하기 위한 조치를 하여야 한다.
(3) 사업주는 순간풍속이 초당 (③) m를 초과하는 바람이 불어 올 우려가 있는 경우 옥외에 설치되어 있는 승강대에 대하여 받침의 수를 증가 시키는 등 승강기가 무너지는 것을 방지하기 위한 조치를 하여야 한다.

① 30m
② 35m
③ 35m

212 건설안전관리

와이어로프의 사용 금지 사항 6가지를 쓰시오.

① 꼬인 것
② 이음매가 있는 것
③ 심하게 변형되거나 부식된 것
④ 열 또는 전기충격에 의해 손상된 것
⑤ 지름의 감소가 공칭지름의 7%를 초과하는 것
⑥ 와이어로프의 한 꼬임에서 끊어진 소선의 수가 10% 이상인 것

213 달기 체인의 사용 금지 조건 3가지를 쓰시오.

① 달기체인의 달기체인이 제조된 때의 길이의 5%를 초과한 것
② 링의 단면지름이 달기체인이 제조된 때의 링의 지름의 10%를 초과하여 감사한 것
③ 균열이 있거나 심하게 변형된 것

214 와이어로프의 구조를 나타내었다. ( ) 안에 적합한 내용을 쓰시오.

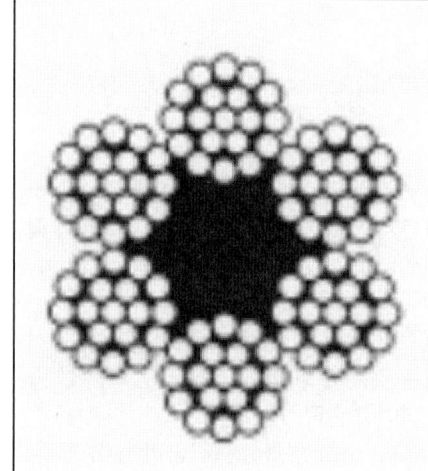

⟨ 6x Fi (29) ⟩

(1) 6 : (①)
(2) Fi : (②)
(3) 29 : (③)

① 6 : 스트랜드의 수 (꼬임의 수)
② Fi : 필러형
③ 29 : 소선의 수

215 터널 공사 등의 건설 작업을 할 때에 인화성 가스가 발생할 위험이 있는 경우에는 폭발이나 화재를 예방하기 위하여 자동경보장치를 설치하여야 한다. 자동경보장치의 작업 시작 전 점검사항 3가지를 쓰시오.

① 계기의 이상 유무
② 검지부의 이상 유무
③ 경보장치의 작동상태

216 건설안전관리

교량 작업 시 작성하여야 하는 작업계획서 내용을 4가지 쓰시오

① 작업 방법 및 순서
② 작업지휘자 배치계획
③ 사용하는 기계 등의 종류 및 성능, 작업 방법
④ 부재의 낙하·전도 또는 붕괴를 방지하기 위한 방법
⑤ 작업에 종사하는 근로자의 추락 위험을 방지하기 위한 안전조치 방법
⑥ 공사에 사용되는 가설 철구조물 등의 설치·사용·해체 시 안전성 검토 방법

217 건설안전관리

차량계 하역운반기계 등을 사용하는 작업의 작업계획서의 내용 2가지를 쓰시오.

① 해당 작업에 따른 추락·낙하·전도·협착 및 붕괴 등의 위험 예방대책
② 차량계 하역운반기계 등의 운행경로 및 작업방법

암기법 해 / 차

218 건설안전관리

다음 ( ) 안에 적합한 내용을 쓰시오.

> 사업주는 (①)으로부터 화물의 윗면까지의 높이가 (②)m 이상인 화물자동차에 짐을 싣거나 내리는 작업을 하는 경우에는 근로자의 추락 위험을 방지하기 위하여 해당 작업에 종사하는 근로자가 바닥에서 적재함을 안전하게 오르내리기 위한 설비를 설치하여야 한다.

① 바닥
② 2m

219 차량계 하역운반기계 및 차량계 건설기계의 운전자가 운전 위치를 이탈하고자 할 때 준수하여야 할 사항 2가지를 쓰시오.

건설안전
관리

① 포크, 버킷, 디퍼 등의 장치를 가장 낮은 위치 또는 지면에 내려 둘 것
② 기계를 정지시키고 브레이크를 확실히 거는 등 갑작스러운 주행이나 이탈을 방지하기 위한 조치를 할 것
③ 운전석을 이탈하는 경우에는 시동키를 운전대에서 분리시킬 것

220 건설기계를 운전하는 경우 사업주가 운전자를 운전 위치에서 이탈하게 해서는 안되는 기계를 쓰시오.

건설안전
관리

① 양중기
② 항타기 또는 항발기
③ 양화 장치

221 차량계 건설기계 작업의 작업계획서의 내용을 3가지 쓰시오.

건설안전
관리

① 사용하는 차량계 건설기계의 종류 및 성능
② 차량계 건설기계의 운행 경로
③ 차량계 건설기계에 의한 작업 방법

222 토사 등이 떨어질 우려가 있는 등 위험한 장소에서 차량계 건설기계를 사용하는 경우, 사업자가 견고한 낙하물 보호 구조를 갖춰야 하는 차량계 건설기계 4가지를 쓰시오.

건설안전
관리

① 불도저
② 트랙터
③ 굴착기
④ 로더
⑤ 스크레이퍼
⑥ 천공기
⑦ 항타기 및 항발기

필답

223

건설안전관리

산업안전보건법령상, 아래 보기 중 산업안전관리비로 사용 가능한 항목을 4가지 골라 번호를 쓰시오.

[보 기]
① 면장갑 및 코팅장갑의 구입비
② 안전보건 교육장 내 냉·난방 설비 설치비
③ 안전보건 관리자용 안전 순찰차량의 유류비
④ 교통통제를 위한 교통정리자의 인건비
⑤ 외부인 출입금지, 공사장 경계표시를 위한 가설울타리
⑥ 위생 및 긴급 피난용 시설비
⑦ 안전보건교육장의 대지 구입비
⑧ 안전관련 간행물, 잡지 구독비

②, ③, ⑥, ⑧

신기방기 꿀팁!
해당 문제는 2013년 이후로 출제된 적이 없으므로, 출제 확률이 낮아요!

224

건설안전관리

건설업 산업안전보건관리비 계상 및 사용기준상, 산업안전보건관리비의 계상 및 사용에 관한 내용이다. 다음 각 물음에 답을 쓰시오.

(1) 발주자가 재료를 제공하거나 일부 물품이 완제품의 형태로 제작·납품 되는 경우에는 해당 재료비 또는 완제품 가액을 대상액에 포함하여 산출한 안전보건관리비와 해당 재료비 또는 완제품 가액을 대상액에서 제외하고 산출한 안전보건관리비의 (①) 배에 해당하는 값을 비교하여 그 중 작은 값 이상의 금액으로 계상한다.
(2) 대상액이 구분되어 있지 않은 공사는 도급계약 또는 자체사업계획상 책정된 총공사금액의 (②)%를 대상액으로 하여 산업안전보건관리비 를 계상하여야 한다.
(3) 도급인은 안전보건관리비 사용내역에 대하여 공사 시작 후 (③) 개월 마다 1회 이상 발주자 또는 감리자의 확인을 받아야 한다. 다만, (③) 개월 이내에 공사가 종료되는 경우에는 종료 시 확인을 받아야 한다.

① 1.2배
② 70%
③ 6개월

225 건설안전관리

안전 난간의 주요 구성 요소 4가지를 쓰시오.

① 상부 난간대
② 중간 난간대
③ 발끝막이판
④ 난간 기둥

226 건설안전관리

다음 (   )는 추락을 방지하는 안전난간의 구조이다. 괄호를 채우시오.

(1) 상부난간대 : 바닥면·발판 또는 경사로의 표면으로부터 (①)cm 이상
(2) 발끝막이판 : 바닥면 등으로부터 (②)cm 이상
(3) 난간대 : 지름 (③)cm 이상의 금속제 파이프
(4) 하중 : (④)kg 이상의 하중에 견딜 수 있는 튼튼한 구조

① 90cm
② 10cm
③ 2.7cm
④ 100kg

227 건설안전관리

비계의 조립 간격 내용입니다.

단관비계의 조립 간격은 수직 방향으로 (①)m, 수평 방향으로 (②)m
틀비계 조립 간격은 수직 방향으로 (③)m, 수평 방향으로 (④)m

① 5m
② 5m
③ 6m
④ 8m

228

건설안전관리

추락위험 방지 및 작업발판의 설치에 관한 설명이다. ( ) 안에 적합한 내용을 쓰시오.

(1) 비계의 높이가 2m 이상인 장소에 설치하는 작업발판의 폭은 (①) cm 이상으로 하고, 발판재료 간의 틈은 (②) cm 이하로 할 것
(2) 추락의 위험성이 있는 장소에는 (③)을 설치할 것
(3) 작업발판을 설치하기 곤란한 경우 (④)을 설치할 것. 다만, (④)을 설치하기 곤란한 경우에는 근로자에게 (⑤)를 착용하도록 할 것

① 40cm
② 3cm
③ 안전난간
④ 추락방호망
⑤ 안전대

229

건설안전관리

계단의 설치기준이다. ( ) 안에 알맞은 내용을 쓰시오.

(1) 사업주는 계단 및 계단참을 설치하는 경우 매제곱미터당 (①)kg 이상의 하중에 견딜 수 있는 강도를 가진 구조로 설치하여야 하며, 안전율은 (②) 이상으로 하여야 한다.
(2) 계단을 설치하는 경우 그 폭을 (③)m 이상으로 하여야 한다.
(3) 높이가 (④)m를 초과하는 계단에는 높이 3m 이내마다 너비 1.2m 이상의 계단참을 설치하여야 한다.
(4) 높이 (⑤)m 이상인 계단의 개방된 측면에 안전난간을 설치하여야 한다.

① 500kg
② 4
③ 1m
④ 3m
⑤ 1m

230 잠함 또는 우물통의 급격한 침하에 의한 위험을 방지하기 위하여 준수하여야 할 사항 2가지를 쓰시오.

건설안전관리

① 침하관계도에 따라 굴착 방법 및 재하량 등을 정할 것
② 바닥으로부터 천장 또는 보까지의 높이는 1.8m 이상으로 할 것

암기법 침 / 바

231 잠함·우물통·수직갱 그 밖에 이와 유사한 건설물 또는 설비의 내부에서 굴착 작업을 하는 경우에 사업주의 준수 사항 3가지를 쓰시오.

건설안전관리

① 산소 결핍 우려가 있는 경우에는 산소의 농도를 측정하는 사람을 지명하여 측정하도록 할 것
② 근로자가 안전하게 오르내리기 위한 설비를 설치할 것
③ 굴착 깊이가 20m를 초과하는 경우에는 해당 작업장소와 외부와의 연락을 위한 통신설비 등을 설치할 것

232 산업안전보건법상, 항타기 또는 항발기를 조립하거나 해체하는 경우 사업주가 점검해야 하는 사항을 4가지 쓰시오.

건설안전관리

① 본체 연결부의 풀림 또는 손상의 유무
② 권상장치의 브레이크 및 쐐기 장치 기능의 이상 유무
③ 권상기의 설치 상태의 이상 유무
④ 버팀방법 및 고정상태 이상 유무
⑤ 권상용 와이어로프·드럼 및 도르래의 부착상태의 이상 유무

필답

233
건설안전관리

산업안전보건법령 상, 동력을 사용하는 항타기 또는 항발기에 대하여 무너짐을 방지하기 위한 사업주의 준수사항 이다. ( ) 안에 적합한 내용을 쓰시오.

(1) 연약한 지반에 설치하는 경우에는 아웃트리거, 받침 등 지지구조물의 침하를 방지하기 위하여 (①) 등을 설치할 것
(2) 시설 또는 가설물 등에 설치하는 경우에는 그 내력을 확인하고, 그 내력이 부족하면 그 내력을 보강할 것
(3) 아웃트리거, 받침 등 지지구조물이 미끄러질 우려가 있는 경우에는 (②) 등을 사용하여 해당 지지구조물을 고정 시킬 것.
(4) 궤도 또는 차로 이동하는 항타기 또는 항발기에 대해서는 불시에 이동하는 것을 방지하기 위하여 (③) 등으로 고정시킬 것
(5) 상단 부분은 버팀대, 버팀줄로 고정하여 안정 시키고, 그 하단 부분은 견고한 (④) 등으로 고정시킬 것

① 깔판, 받침목
② 말뚝 또는 쐐기
③ 레일 클램프 및 쐐기
④ 가대

234
건설안전관리

구축물 또는 시설물의 위험을 미리 제거하기 위한 안전성 평가를 실시하여야 하는 경우를 2가지 쓰시오.

① 구축물 등의 인근에서 굴착·항타작업 등으로 침하·균열 등이 발생하여 붕괴의 위험이 예상될 경우
② 구축물 등에 지진, 동해, 부동침하 등으로 균열·비틀림 등이 발생하였을 경우
③ 구축물 등이 그 자체의 무게·적설·풍압 또는 그 밖에 부가되는 하중 등으로 붕괴 등의 위험이 있을 경우
④ 화재 등으로 구축물 등의 내력이 심하게 저하되었을 경우
⑤ 오랜 기간 사용하지 아니하던 구축물 등을 재사용하게 되어 안전성을 검토하여야 하는 경우

235 슬레이트, 선라이트(sunlight) 등 강도가 약한 재료로 덮은 지붕 위에서 작업을 할 때의 위험방지 조치 2가지를 쓰시오.

① 지붕의 가장자리에 안전 난간을 설치할 것
② 채광창(skylight)에는 견고한 구조의 덮개를 설치할 것
③ 폭 30cm 이상의 발판을 설치할 것
④ 추락방호망을 설치
⑤ 근로자 안전대 착용

건설안전관리

236 흙막이 지보공을 설치한 때 점검하여야 하는 사항 4가지를 쓰시오.

① 부재의 손상·변형·부식·변위 및 탈락의 유무와 상태
② 부재의 접속부·부착부 및 교차부의 상태
③ 버팀대의 긴압의 정도
④ 침하의 정도

건설안전관리

암기법 > 부 / 부 / 버 / 침

237 굴착면의 기울기 기준을 나타내었다. 표의 빈칸을 쓰시오.

건설안전관리

지반의 종류	굴착면의 기울기
모래	(①)
연암 및 풍화암	(②)
경암	(③)
그 밖의 흙	(④)

① 1 : 1.8
② 1 : 1.0
③ 1 : 0.5
④ 1 : 1.2

238 낙반 등에 의한 위험방지 조치사항 2가지를 쓰시오.

① 터널지보공
② 록볼트의 설치
③ 부석의 제거

239 비계가 갖추어야 할 구비조건 3가지를 쓰시오.

① 안정성
② 작업성
③ 경계성

240 말비계의 구조를 나타내었다. ( ) 안에 적합한 내용을 쓰시오.

(1) 지주부재의 하단에는 미끄럼 방지 장치를 하고, 양측 끝부분에 올라서서 작업하지 아니 하도록 할 것
(2) 지주부재와 수평면과의 기울기를 (①) 이하로 하고, 지주부재와 지주부재 사이를 고정 시키는 (②)를 설치할 것
(3) 말비계의 높이가 2m를 초과할 경우에는 작업발판의 폭을 (③) 이상으로 할 것

① 75도
② 보조부재
③ 40cm

241 (비, 눈, 그 밖의 기상상태 악화로 작업을 중지시킨 후 또는) 비계를 조립·해체하거나 또는 변경한 후 작업 시작 전 점검 항목을 4가지를 쓰시오.

건설안전
관리

① 손잡이의 탈락 여부
② 발판 재료의 손상 여부 및 부착 또는 걸림 상태
③ 연결 재료 및 연결철물의 손상 또는 부식상태
④ 기둥의 침하, 변형·변위 또는 흔들림 상태
⑤ 해당 비계의 연결부 또는 접속부의 풀림 상태
⑥ 로프의 부착상태 및 매단 장치의 흔들림 상태

암기법 손/발/연/기/해

신기방기 꿀팁!
"최다빈출" 문제입니다!

242 비상구의 설치기준 2가지를 쓰시오.

건설안전
관리

① 출입구와 같은 방향에 있지 아니하고, 출입구로부터 3m 이상 떨어져 있을 것
② 비상구의 너비는 0.75m 이상으로 하고, 높이는 1.5m 이상으로 할 것
③ 작업장의 각 부분으로 부터 하나의 비상구 또는 출입구까지의 수평거리가 50m 이하가 되도록 할 것
④ 비상구의 문은 피난방향으로 열리도록 하고, 실내에서 항상 열 수 있는 구조로 할 것

243 가설통로의 구조 3가지를 적으시오.

건설안전
관리

① 견고한 구조로 할 것
② 경사는 30도 이하로 할 것
③ 경사가 15도를 초과하는 경우, 미끄러지지 아니하는 구조로 할 것
④ 추락의 위험이 있는 구역에는 안전 난간을 설치 할 것
⑤ 수직갱·길이가 15m 이상인 때에는 10m 이내마다 계단참을 설치할 것
⑥ 건설공사에 사용하는 높이 8m 이상인 비계다리에는 7m 이내마다 계단참을 설치할 것

필답

244 건설안전관리

가설통로의 구조에 관한 내용이다. ( ) 안에 적합한 내용을 쓰시오.

(1) 견고한 구조로 할 것
(2) 경사는 (①)도 이하로 할 것 (다만, 계단을 설치하거나 높이 (②)m 미만의 가설통로로서, 튼튼한 손잡이를 설치한 때에는 그러하지 아니하다)
(3) 경사가 (③)도를 초과하는 때는 미끄러지지 아니하는 구조로 할 것
(4) 추락의 위험이 있는 장소에는 (④)을 설치할 것

① 30도
② 2m
③ 15도
④ 안전난간

245 건설안전관리

사다리식 통로의 구조 5가지를 쓰시오

① 견고한 구조로 할 것
② 심한 손상·부식 등이 없는 재료를 사용 할 것
③ 발판의 간격은 일정하게 할 것
④ 발판과 벽과의 사이는 15cm이상의 간격을 유지 할 것
⑤ 폭은 30cm 이상으로 할 것
⑥ 사다리가 넘어지거나 미끄러지는 것을 방지하기 위한 조치를 취할 것
⑦ 사다리식 통로의 길이가 10m 이상인 경우에는 5m이내마다 계단참을 설치할 것
⑧ 사다리의 상단은 걸쳐놓은 지점으로부터 60cm 이상 올라가도록 할 것

참고

작업발판 설치 기준

① 발판재료는 작업 시의 하중을 견딜 수 있도록 견고한 것으로 할 것
② 발판의 폭 : 40cm 이상으로 하고, 발판재료 간의 틈은 3cm 이하로 할 것
③ 추락의 위험성이 있는 장소에는 안전난간을 설치할 것
④ 작업발판의 지지물은 하중에 의하여 파괴될 우려가 없는 것을 사용할 것
⑤ 작업발판재료는 뒤집히거나 떨어지지 아니하도록 2 이상의 지지물에 연결하거나 고정 시킬 것
⑥ 작업에 따라 이동시킬 때에는 위험방지 조치를 할 것
⑦ 선박 및 보트 건조작업에서 선박블록 또는 엔진실 등의 좁은 작업공간에 작업발판을 설치하는 경우
: 작업발판의 폭을 30cm이상으로 할 수 있고, 걸침비계의 경우발판재료 간의 틈을 3cm이하로 유지하기 곤란하면 5cm 이하로 할 수 있다.

246 [건설안전관리]

동바리로 사용하는 파이프서포트의 조립 시 준수사항이다. ( ) 안에 적합한 내용을 쓰시오.

> (1) 파이프서포트를 (①) 이상 이어서 사용하지 아니하도록 할 것
> (2) 파이프서포트를 이어서 사용할 때에는 (②) 이상의 볼트 또는 전용철물을 사용하여 이을 것
> (3) 높이가 (③)를 초과하는 경우에는 높이 (④) 이내마다 수평 연결재를 (⑤) 방향으로 만들고 수평연결재의 변위를 방지할 것

① 3개
② 4개 이상
③ 3.5m
④ 2m
⑤ 2개

247 [건설안전관리]

작업발판 일체형 거푸집의 종류 4가지를 쓰시오.

① 갱 폼
② 슬립 폼
③ 터널 라이닝 폼
④ 클라이밍 폼

암기법: 갱/슬/터/클

248 [건설안전관리]

콘크리트 옹벽 (또는 흙막이 지보공)의 안정성 검토사항 3가지를 쓰시오.

① 전도에 대한 안정
② 활동에 대한 안정
③ 침하에 대한 안정

암기법: 전/활/침

249. 건설안전관리

콘크리트 타설 작업을 하기 위하여 콘크리트 펌프 또는 콘크리트 펌프카를 사용 하는 경우에 준수하여야 하는 사항 4가지를 작성하시오.

① 작업을 시작하기 전에 콘크리트 타설 장비를 점검하고 이상을 발견하였으면 즉시 보수할 것
② 건축물의 난간 등에서 작업하는 근로자가 호스의 요동·선회로 인하여 추락하는 위험을 방지하기 위하여 안전난간 설치 등 필요한 조치를 할 것
③ 콘크리트 타설 장비의 붐을 조정하는 경우에는 주변의 전선 등에 의한 위험을 예방하기 위한 적절한 조치를 할 것
④ 작업 중에 지반의 침하나 아웃트리거 등 콘크리트 타설 장비 지지구조물의 손상 등에 의하여 콘크리트 타설 장비가 넘어질 우려가 있는 경우에는 이를 방지하기 위한 적절한 조치를 할 것

암기법 작/건/콘/작

250. 건설안전관리

콘크리트 타설 작업 시의 준수 사항 3가지를 쓰시오.

① 콘크리트를 타설 하는 경우에는 편심이 발생하지 않도록 골고루 분산하여 타설 할 것
② 작업을 시작하기 전에 해당 작업에 관한 거푸집 동바리 등의 변형·변위 및 지반의 침하 유무 등을 점검하고 이상이 있으면 보수할 것
③ 작업 중에는 거푸집 동바리 등의 변형·변위 및 침하 유무 등을 감시할 수 있는 감시자를 배치하여 이상이 있으면 작업을 중지하고 근로자를 대피시킬 것
④ 콘크리트 타설작업 시 거푸집 붕괴의 위험이 발생할 우려가 있으면 충분한 보강조치를 할 것
⑤ 설계도서상의 콘크리트 양생 기간을 준수하여 거푸집 동바리 등을 해체할 것

251

보호구

안전인증 기준에 해당하는 안전모의 종류 3가지와 용도를 쓰시오.

① AB종 : 물체의 낙하 또는 비래 및 추락에 의한 위험을 방지 또는 경감시키기 위한 것
② AE종 : 물체의 낙하 또는 비래에 의한 위험을 방지 또는 경감하고, 머리 부위 감전에 의한 위험을 방지하기 위한 것
③ ABE종 : 물체의 낙하 또는 비래 및 추락에 의한 위험을 방지 또는 경감하고, 머리 부위 감전에 의한 위험을 방지하기 위한 것

252

보호구

안전인증 대상 안전모의 성능시험 종류 5가지를 쓰시오.

① 내관통성 시험
② 내전압성 시험
③ 내수성 시험
④ 난연성 시험
⑤ 충격 흡수성 시험
⑥ 턱끈 풀림 시험

253

보호구

안전모의 시험성능기준에 (   ) 안에 알맞은 내용을 쓰시오.

(1) 내관통성 시험 : AE형 및 ABE형의 관통거리는 (①) 이하이고, AB형의 관통거리는 (②) 이하이어야 한다.
(2) 충격흡수성 시험 : 최고전달충격력이 (③) 을 초과해서는 안 되며, 모체와 착장체의 기능이 상실되지 않아야 한다.
(3) 내전압성 시험 : AE, ABE종 안전모는 교류 20kV에서 1분간, 절연파괴 없이 견뎌야 하고, 이때 누설 되는 충전전류는 (④) 이하이어야 한다.

① 9.5mm
② 11.1mm
③ 4,450N
④ 10mA

필답

254 방독마스크 정화통에 안전 인증 표시 외에 표시하여야 하는 사항 3가지를 쓰시오.

보호구

① 파과곡선도
② 정화통의 외부 측면의 표시 색
③ 사용시간 기록카드
④ 사용상의 주의사항

암기법 파/정/사/사

참고 **방독마스크의 등급**

등급	사용 장소
고농도	가스 또는 증기의 농도가 100분의 2(암모니아에 있어서는 100분의 3) 이하의 대기 중에서 사용하는 것
중농도	가스 또는 증기의 농도가 100분의 1(암모니아에 있어서는 100분의 1.5) 이하의 대기 중에서 사용하는 것
저농도 및 최저농도	가스 또는 증기의 농도가 100분의 0.1 이하의 대기 중에서 사용하는 것으로서 긴급용이 아닌 것

* 비고 : 방독마스크는 산소농도가 18% 이상인 장소에서 사용하여야 하고, 고농도와 중농도에서 사용하는 방독마스크는 전면형 (격리식, 직결식)을 사용해야 한다.

255 설명에 해당하는 보호구의 용어를 쓰시오.

보호구

(1) 유기화합물용 보호복에서 화학물질이 보호복의 재료의 외부 표면에 접촉된 후 내부로 확산하여 내부 표면으로부터 탈착되는 현상을 말한다.

(2) 방독마스크에서 대응하는 가스에 대하여 정화통 내부의 흡착제가 포화상태가 되어 흡착능력을 상실한 상태를 말한다.

(1) 투과
(2) 파과

256

방독마스크 시험가스와 외부측면의 표시색에 대하여, 괄호안에 알맞은 내용을 쓰시오.

종류	시험가스	표시색
유기화합물용	시클로헥산 (C_6H_{12})	갈색
	(①)	
	이소부틴 (C_4H_{10})	
할로겐용	(②)	회색
황화수소용	황화수소가스 (H_2S)	
시안화수소용	시안화수소가스 (HCN)	
아황산용	아황산가스(SO_2)	(③)
암모니아용	(④)	녹색

① 디메틸에테르(CH_3OCH_3)
② 염소가스 또는 증기(Cl_2)
③ 노란색
④ 암모니아가스(NH_3)

방독마스크의 종류별 시험 가스

종류	시험가스
유기화합물용	시클로헥산 (C_6H_{12})
	디메틸에테르 (CH_3OCH_3)
	이소부틴 (C_4H_{10})
할로겐용	염소가스 또는 증기 (Cl_2)
황화수소용	황화수소가스 (H_2S)
시안화수소용	시안화수소가스 (HCN)
아황산용	아황산가스 (SO_2)
암모니아용	암모니아가스 (NH_3)

필답

257 방진마스크에 관한 내용이다. ( ) 안에 적합한 내용을 쓰시오.

보호구

(1) 석면 취급 장소에서 착용 가능한 방진마스크의 등급은 (①)이다.
(2) 베릴륨 등과 같이 독성이 강한 물질을 함유한 장소에서 착용 가능한 방진 마스크의 등급은 (②)이다.
(3) 금속흄 등과 같이 열적으로 생기는 분진 등 발생 장소에서 착용 가능한 방진 마스크의 등급은 (③)이다.
(4) 산소 농도가 (④)% 미만인 장소에서는 방진마스크 착용을 금지해야 한다.
(5) 안면부 내부의 이산화탄소 농도가 부피분율 (⑤)% 이하이어야 한다.

① 특급
② 특급
③ 1급
④ 18%
⑤ 1%

 **방진마스크 종류별 사용 장소**

등급	사용 장소
특급	• 베릴륨 등과 같이 독성이 강한 물질들을 함유한 분진 등 발생장소 • 석면 취급장소
1급	• 특급마스크 착용장소를 제외한 분진 등 발생장소 • 금속흄 등과 같이 열적으로 생기는 분진 등 발생장소 • 기계적으로 생기는 분진 등 발생장소 (규소 등과 같이 2급 방진마스크를 착용하여도 무방한한 경우는 제외한다)
2급	• 특급 및 1급 마스크 착용 장소를 제외한 분진 발생 장소

258 보호구

분리식 방진마스크와 안면부여과식 마스크의 포집효율을 적으시오.

형태 및 등급		포집효율
분리식	특급	(①) % 이상
	1급	(②) % 이상
	2급	80.0% 이상
안면부여과식	특급	99.0% 이상
	1급	94.0% 이상
	2급	(③) % 이상

① 99.95% 이상
② 94.0% 이상
③ 80.0% 이상

참고

분리식	등급	포집효율	안면부여과식	등급	포집효율
	특급	99.95% 이상		특급	99.0% 이상
	1급	94.0% 이상		1급	94.0% 이상
	2급	80.0% 이상		2급	80.0% 이상

259 보호구

차광보안경에 관한 용어 정의이다. 적합한 용어를 쓰시오.

(1) 착용자의 시야를 확보하는 보안경의 일부로서 렌즈 및 플레이트 등을 말한다.
(2) 필터와 플레이트의 유해광선을 차단할 수 있는 능력을 말한다.
(3) 필터 입사에 대한 투과 광속의 비를 말한다.

(1) 접안경
(2) 차광도 번호 (scale number)
(3) 시감투과율

필답

260 차광보안경의 사용 구분에 따른 종류 4가지를 쓰시오.

보호구

① 자외선용
② 적외선용
③ 복합용
④ 용접용

261 안전인증대상 보안경과 자율안전확인대상 보안경 선택 시 유의사항을 쓰시오.

보호구

1. 안전인증대상 보안경
   ① 차광보안경
      : 해로운 자외선·적외선·자외선 강력한 가시광선이 발생하는 장소에서 눈을 보호하기 위한 것

2. 자율안전확인대상 보안경
   ① 유리보안경
      : 미분 · 칩 · 기타 비산물로부터 눈을 보호하기 위한 것
   ② 플라스틱보안경
      : 미분 · 칩 · 액체 · 약품 등 기타 비산물로부터 눈을 보호 하기 위한 것
   ③ 도수렌즈 보안경
      : 빛 · 비산물 · 기타 유해물질로부터 눈을 보호함과 동시에 시력을 교정하기 위한 것

262 안전인증대상 안전화 종류 5가지를 쓰시오.

보호구

① 가죽제 안전화
② 고무제 안전화
③ 정전기 안전화
④ 발등 안전화
⑤ 절연화
⑥ 절연 장화

263 보호구

안전인증 대상 가죽제 안전화의 성능시험 종류 4가지를 쓰시오.

① 내답발성 시험
② 내압박성 시험
③ 내유성 시험
④ 내부식성 시험
⑤ 내충격성 시험
⑥ 박리저항 시험

264 보호구

가죽제 안전화의 성능시험 중 [보기]의 그림에 해당하는 시험의 종류를 쓰시오.

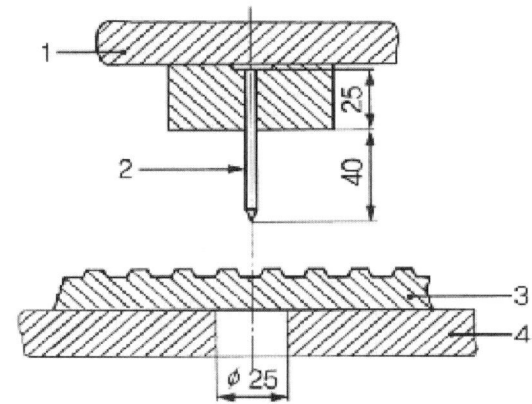

1. 압축판 2. 못 3. 신발창 시편 4. 기초판

* 출처 : 법제처 국가법령정보센터

① 내답발성 시험

필답

265 보호구

산업안전보건법령 상, 사업주가 다음 작업을 하는 근로자에게 근로자 수 이상 으로 지급하고, 착용하도록 하여야하는 보호구를 (   ) 안에 쓰시오.

> (①) - 물체가 떨어지거나 날아올 위험 또는 근로자가 추락할 위험이 있는 작업
> (②) - 높이 또는 깊이 2m 이상의 추락할 위험이 있는 장소에서 하는 작업
> (③) - 물체가 흩날릴 위험이 있는 작업
> (④) - 고열에 의한 화상 등의 위험이 있는 작업

① 안전모
② 안전대
③ 보안경
④ 방열복

266 보호구

안전대에 대한 설명이다. [보기]에서 설명하는 안전대 명칭을 쓰시오.

> [보 기]
> ① 신체의 지지 목적으로 전신에 착용하는 띠 모양의 부품
> ② 벨트 또는 안전그네를 신체에 착용하기 위해 그 끝에 부착한 금속장치
> ③ 죔줄과 걸이 설비 또는 D링과 연결하기 위한 금속장치
> ④ 벨트 또는 안전그네를 구명줄 또는 구조물 등 기타 걸이 설비와 연결하기 위한 줄 모양의 부품
> ⑤ 안전그네와 연결하여 추락 발생 시 추락을 억제할 수 있는 자동 잠김장치가 갖추어져 있고, 죔줄이 자동적으로 수축되는 금속장치

① 안전그네
② 버클
③ 훅 또는 카라비너
④ 죔줄
⑤ 안전블록

267 보호구

경고표지 중 흰색 바탕에 검정이나 빨간 모형의 그림으로 표현하는 표지의 종류 5가지를 쓰시오.

① 인화성물질 경고
② 산화성물질 경고
③ 부식성물질 경고
④ 폭발성물질 경고
⑤ 급성독성물질 경고
⑥ 발암성 · 변이원성 · 생식독성 · 전신독성 · 호흡기과민성물질 경고

268 보호구

"위험장소 경고"를 그리시오. (단, 색상표시는 글자로 나타내도록 하고, 크기에 대한 기준은 표시하지 않아도 된다.)

- 바탕 : 노란색
- 기본모형, 관련 부호 및 그림 : 검은색

신기방기 꿀팁!
안전보건표지 종류에 대해 그림을 그리는 문제는, 아래의 표지들 말고는 없습니다!

출입금지	녹십자표지	고압전기 경고	위험장소 경고	응급구호표지

269 보호구

안전보건표지의 종류에 있어 안내표지에 해당하는 것을 4가지 쓰시오.

① 녹십자
② 응급구호
③ 들것
④ 세안장치
⑤ 비상용기구
⑥ 비상구

필답

270 보호구

산업안전보건법상의 안전보건 표지 중 경고표지 4가지를 쓰시오.

① 인화성물질 경고
② 산화성물질 경고
③ 폭발성물질 경고
④ 급성독성물질 경고
⑤ 부식성물질 경고
⑥ 방사성물질 경고
⑦ 고압전기 경고
⑧ 매달린 물체 경고
⑨ 낙하물 경고
⑩ 고온 경고
⑪ 저온 경고
⑫ 몸균형 상실 경고
⑬ 레이저광선 경고
⑭ 발암성·변이원성·생식독성·전신독성·호흡기과민성물질 경고
⑮ 위험장소 경고

271 보호구

안전보건표지 중 출입금지 표지 (관계자 외 출입금지) 의 종류 3가지를 쓰시오.

① 허가대상유해물질 취급 (또는 허가대상물질 작업장)
② 석면취급 및 해체·제거 (또는 석면취급/해체 작업장)
③ 금지유해물질 취급 (또는 금지대상물질의 취급 실험실 등)

암기법 허/석/금

참고

5. 관계자 외 출입금지	501 허가대상물질 작업장	502 석면취급/해체 작업장	503 금지대상물질의 취급 실험실 등
	관계자 외 출입금지 (허가대상 유해 물질명칭) 제조/사용/보관중 (보호구/보호복 착용) (흡연 및 취식금지)	관계자 외 출입금지 석면취급/해체 중 보호구/보호복 착용 흡연 및 취식금지	관계자 외 출입금지 발암물질 취급중 보호구/보호복 착용 흡연 및 취식금지

272

보호구

다음 표는 안전. 보건표지의 색채·색도기준 및 용도를 나타내고 있다. ( ) 안에 적합한 용어를 쓰시오.

색채	색도 기준	용도	사용례
(①)	7.5R 4/14	금지	정지신호, 소화설비 및 그 장소, 유해행위의 금지
		(②)	화학물질 취급장소에서의 유해·위험 경고
파란색	2.5PB 4/10	지시	특정행위의 지시 및 사실의 고지
흰색	N9.5		(③)
검은색	(④)		문자 및 빨간색 또는 노란색에 대한 보조색

① 빨간색
② 경고
③ 파란색 또는 녹색에 대한 보조색
④ N0.5

참고

안전·보건표지의 색채, 색도기준 및 용도

색채	색도 기준	용도	사용례
빨간색	7.5R 4/14	금지	정지신호, 소화설비 및 그 장소, 유해행위의 금지
		경고	화학물질 취급장소에서의 유해·위험 경고
노란색	5Y 8.5/12	경고	화학물질 취급장소에서의 유해·위험 경고 이외의 위험 경고, 주의표지 또는 기계방호물
파란색	2.5PB 4/10	지시	특정 행위의 지시 및 사실의 고지
	2.5G 4/10	안내	비상구 및 피난소, 사람 또는 차량의 통행 표지
흰색	N9.5	−	파란색 또는 녹색에 대한 보조색
검은색	N0.5	−	문자 및 빨간색 또는 노란색에 대한 보조색

필답

273 산업안전보건법에 의하여 설명에 적합한 장소에 설치하여야 하는 안전보건표지의 명칭을 쓰시오.

보호구

안전보건표지의 명칭	용도 및 사용 장소	사용 장소 예시
(①)	사람이 걸어 다녀서는 안 될 장소	중장비 운전 작업장
(②)	수리 또는 고장 등으로 만지거나 작동시키 것을 금지해야 할 기계·기구 및 설비	고장 난 기계
(③)	엘리베이터 등에 타는 것이나 어떤 장소에 올라가는 것을 금지	고장 난 엘리베이터
(④)	정리 정돈 상태의 물체나 움직여서는 안 될 물체를 보존하기 위하여 필요한 장소	절전스위치 옆

① 보행금지
② 사용금지
③ 탑승금지
④ 물체이동금지

계산

산업안전관리 _ 1번 ~ 13번

기계안전관리 _ 14번 ~ 22번

전기 및 화학설비안전관리 _ 23번 ~ 27번

계산

001 산업안전관리

A 사업장의 근로자수는 350명이며, 연천인율은 3.5이었다. 도수율을 구하시오.

> (1) 연천인율 = $\dfrac{\text{연간 재해자 수}}{\text{연평균 근로자 수}} \times 1{,}000$
>
> (2) 연천인율 = 도수율 × 2.4
>
> * 연천인율 구하는 공식은 (1), (2) 2가지가 있으니 기억하세요.
> * 연천인율 : 근로자 1,000명당 1년간에 발생하는 재해발생자수의 비율

(1) 연천인율 = 도수율 × 2.4

(2) 도수율 = $\dfrac{\text{연천인율}}{2.4}$ = $\dfrac{3.5}{2.4}$ = 1.46

002 산업안전관리

근로자 400명이 일하는 사업장에서 연간재해건수는 20건, 요양근로손실일수가 150일, 휴업일수 73일 이였다. 이 사업장의 강도율과 도수율을 구하시오.
(단, 근무시간은 1일 8시간, 근무일수는 연간 300일, 잔업은 1인당 연간 50시간 이다.)

> (1) 도수율 = $\dfrac{\text{재해건수}}{\text{근로 총 시간 수}} \times 10^6$
>
> (2) 강도율 = $\dfrac{\text{근로 손실 일수}}{\text{근로 총 시간 수}} \times 1{,}000$
>
> ※ 근로손실일수 = 휴업일수, 요양일수, 입원일수 × $\dfrac{300(\text{실제 근로 일수})}{365}$
>
> ※ 강도율 : 근로시간 합계 1,000시간당 재해로 인한 근로손실 일수의 비율

(1) 도수율 = $\dfrac{20}{400 \times 8 \times 300 + 400 \times 50} \times 10^6$ = 20.408 = 20.41

(2) 강도율 = $\dfrac{150 + (73 \times \dfrac{300}{365})}{400 \times 8 \times 300 + 400 \times 50} \times 1{,}000$ = 0.214 = 0.21

근로자 540명, 하루 8시간, 1년에 300일, 요양근로손실일수 50일, 연간 30건 재해 발생하는 사업장의 도수율을 계산 하시오.
(단, 소수점 첫째 자리까지 나타내시오.)

$$\text{도수율} = \frac{\text{재해 건수}}{\text{총 근로시간 수}} \times 10^6 = \frac{30}{540 \times 8 \times 300} \times 10^6 = 23.148 = 23.1$$

사업장의 연근로자수가 400명, 1일 8시간 연간 300일 작업을 하던 중 5건의 재해가 발생하여 사망 1명, 10급 재해 4명이 발생하였다. 이 작업장의 강도율과 도수율을 구하시오. (단, 연간 1인당 50시간의 초과근무를 함)

$$(1)\ \text{도수율} = \frac{\text{재해건수}}{\text{근로 총 시간 수}} \times 10^6$$

$$(2)\ \text{강도율} = \frac{\text{근로 손실 일수}}{\text{근로 총 시간 수}} \times 1{,}000$$

$$(1)\ \text{도수율} = \frac{5}{400 \times 8 \times 300 + (400 \times 50)} \times 10^6 = 5.10$$

$$(2)\ \text{강도율} = \frac{7500 + (4 \times 600)}{400 \times 8 \times 300 + (400 \times 50)} \times 1{,}000 = 10.10$$

참고

신체장해등급	사망 1,2,3급	4급	5급	6급	7급	8급
손실일수	7,500일	5,500일	4,000일	3,000일	2,200일	1,500일
신체장해등급	9급	10급	11급	12급	13급	14급
손실일수	1,000일	600일	400일	200일	100일	50일

계산

005 산업안전관리

어느 작업장의 근로자는 100명이 작업하면서 일일 8시간 연 300일 근무 중 사망재해건수 1건, 14급 2명, 휴업일수 37일이 발생되었다. 이 작업장의 강도율을 계산 하시오.

$$(1) \text{강도율} = \frac{\text{근로 손실일수}}{\text{근로 총시간 수}} \times 1,000$$

$$※ \text{근로손실일수} = \text{휴업일수, 요양일수, 입원일수} \times \frac{300(\text{실제 근로 일수})}{365}$$

$$(1) \text{강도율} = \frac{7,500 + (50 \times 2) + (37 \times \frac{300}{365})}{100 \times 8 \times 300} \times 1000 = 31.793$$

 참고

신체장해등급	사망 1,2,3급	4급	5급	6급	7급	8급
손실일수	7,500일	5,500일	4,000일	3,000일	2,200일	1,500일
신체장해등급	9급	10급	11급	12급	13급	14급
손실일수	1,000일	600일	400일	200일	100일	50일

006 산업안전관리

어느 사업장에서 연평균 근로자가 800명, 잔업 시간이 1인당 100시간이고, 재해건수는 60건 이다. 이 사업장에서 근로자 1명이 평생 작업할 경우 약 몇건의 재해를 당할 수 있는가?

* 근로자가 평생 근로하는 동안의 재해건수를 **환산도수율**이라고 합니다.
* 환수 도수율 = 도수율 × **0.1**
* 특별한 조건이 없을 경우 : – 평생 근로 시간 : 10만 시간
  – 1년 근무일수 : 300일
  – 1일 근무 시간 : 8시간

* 평생근로시간이 다르거나 혹은 따로 계산해줘야 하는 경우 : $\text{도수율} \times \frac{\text{평생근로시간}}{1,000,000}$ 을 사용하면 됩니다.

* $\text{도수율} = \frac{\text{재해건수}}{\text{근로 총 시간 수}} \times 10^6$

* $\text{도수율} = \frac{60}{800 \times 8 \times 300 + 800 \times 100} \times 10^6 = 30$

(1) 환산도수율 = 도수율 × 0.1 = 30 × 0.1 = 3건

근로자 500명이 작업하고 있는 A 사업장에서 연간 250일, 일일 9시간 근무하던 중 10건의 재해로 인하여 6명의 재해자가 발생하였다. A 사업장의 도수율과 연천인율을 계산하시오.

(1) 도수율 = $\dfrac{\text{재해건수}}{\text{근로 총 시간 수}} \times 10^6$

(2) 연천인율 = $\dfrac{\text{연간 재해자 수}}{\text{연평균 근로자 수}} \times 1{,}000$

(1) 도수율 = $\dfrac{10}{400 \times 250 \times 9} \times 10^6 = 8.89$

(2) 연천인율 = $\dfrac{6}{500} \times 1{,}000 = 12$

사업장의 연근로자수가 800명, 1일 8시간, 연간 300일 작업을 하던 중 5건의 재해가 발생하였다. 이 작업장의 도수율을 계산하시오.

(1) 도수율 = $\dfrac{\text{재해건수}}{\text{근로 총 시간 수}} \times 10^6$

(1) 도수율 = $\dfrac{5}{800 \times 8 \times 300} \times 10^6 = 2.60$

도수율이 4인 사업장에서 연간 5건의 재해로 인하여 350일의 요양근로손실일수가 발생하였다. 해당 사업장의 강도율을 계산하시오.

① 도수율 = $\dfrac{\text{재해 건수}}{\text{총 근로시간 수}} \times 10^6$

* 연 근로시간 수 = $\dfrac{\text{재해건수}}{\text{도수율}} \times 10^6 = \dfrac{4}{5} \times 10^6 = 1{,}250{,}000$ (시간)

② 강도율 = $\dfrac{\text{총 근로손실일수}}{\text{총 근로시간 수}} \times 1000 = \dfrac{350}{1{,}250{,}000} \times 1000 = 0.28$

계산

010 산업안전관리

재해건수 15건, 연근로시간 4,800,000인, 다음 사업장의 도수율을 구하시오.

$$(1)\ 도수율 = \frac{재해건수}{근로\ 총\ 시간\ 수} \times 10^6$$

(1) 도수율 $= \dfrac{15}{4,800,000} \times 10^6 = 3.125$

011 산업안전관리

사업장 내 임금근로자수 1,000명, 총요양근로손실일수 500일, 총 휴업재해일 수 300일, 사업장 내 생산설비에 의한 휴업재해자수 50명인 사업장의 휴업재해율을 구하시오.

$$(1)\ 휴업재해율 = \frac{휴업재해자수}{임금근로자수} \times 100$$

(1) 휴업재해율 $= \dfrac{50}{1,000} \times 100 = 5$

012 산업안전관리

어느 사업장의 강도율 0.8, 연 근로시간 2400시간, 근로자수 250명, 재해건수 5건인 사업장의 총요양근로손실일수를 구하시오.

$$(1)\ 강도율 = \frac{총\ 요양근로손실일수}{연근로시간} \times 1,000$$
$$(2)\ 총\ 요양근로손실일수 = \frac{강도율 \times 연근로시간수}{1,000}$$

(1) 강도율 $= 0.8 = \dfrac{총\ 요양근로손실일수}{2,400 \times 250} \times 1,000$

(2) 총 요양근로손실일수 $= \dfrac{0.8 \times (2,400 \times 250)}{1,000} = 480$일

013 산업안전관리

어느 사업장의 상시근로자 50명, 연간재해건수 8건, 1일 9시간 280일 근무 연간 재해자수 10명, 휴업일수 219일 때 도수율과 강도율을 구하시오.

(1) 도수율 = $\dfrac{\text{재해건수}}{\text{근로 총 시간 수}} \times 10^6$

(2) 강도율 = $\dfrac{\text{근로 손실 일수}}{\text{근로 총 시간 수}} \times 1,000$

(1) 도수율 = $\dfrac{8}{280 \times 9 \times 50} \times 10^6 = 63.49$

(2) 강도율 = $\dfrac{219 \times \dfrac{280}{365}}{280 \times 9 \times 50} = 10^3 = 1.33$

014 기계안전관리

프레스의 방호장치 설치에 관한 내용이다. 물음에 답하시오.

(1) 프레스에 광전자식 방호장치가 설치되어 있다. 급정지에 소요된 시간이 200ms 일 때 안전거리(mm)를 계산하시오.
(2) 프레스의 안전거리 또는 정지 성능에 영향을 받는 방호장치 1가지를 적으시오.

(1) 광전자식 방호장치의 안전거리

* 풀이1 : D(mm) = 1.6 × Tm = 1.6 × 200 = 320 (mm)

* 풀이2 : D(cm) = 160 × $\dfrac{200}{1,000}$ = 32 (cm) × 10 = 320 (mm)

(2) 프레스기의 정지 성능에 상응하는 방호장치 : 광전자식 방호장치

계산

015
기계안전관리

방호장치 자율안전기준 고시 상, 둥근톱의 두께가 0.8mm 일 경우, 분할날 두께는 몇 mm 이상으로 해야 하는지 쓰시오.

- 분할날의 두께는 둥근톱 두께의 1.1 배 이상이며 치진 폭보다 작을 것.
  $$1.1\,t_1 \leq t_2 < b$$
  (t_1 : 둥근톱 두께, t_2 : 분할날 두께, b : 치진폭)

- 분할날의 두께는 둥근톱 두께의 1.1 배 이상일 것
- 1.1 x 0.8 = 0.88(mm) 이상

016
기계안전관리

60rpm으로 회전하는 롤러기의 앞면 롤러기의 지름이 120mm인 경우 규정에 따른 급정지거리 mm를 구하시오.

앞면 롤러의 표면속도 (m/min)	급 정지 거리
30 미만	앞면 롤러 원주의 1/3 이내($\pi \times d \times \frac{1}{3}$)
30 이상	앞면 롤러 원주의 1/2.5 이내($\pi \times d \times \frac{1}{2.5}$)

* 표면속도의 산식 : $V = \dfrac{\pi \times D \times N}{1,000}$ (m/min)

- V : 표면속도
- D : 롤러 원통의 직경 (mm)
- N : 1분간에 롤러기가 회전되는 수 (rpm)

(1) 롤러의 표면 속도 계산

$$V = \frac{\pi \times 120 \times 60}{1,000} = 22.619 (m/min)$$

(2) 롤러의 표면 속도에 따른 급정지거리 계산
속도가 30미만이므로 급정지거리 = $\pi \times d \times \frac{1}{3}$ = $\pi \times 120 \times \frac{1}{3}$ = 125.66 mm

017 기계안전관리

300rpm으로 회전하는 롤러기의 앞면 롤러의 지름이 30cm인 경우 앞면 롤러의 표면속도를 구하시오. (단, 롤러의 지름의 단위를 mm로 변환하시오.)

* 원주속도 (회전속도)　　$V = \dfrac{\pi \times D \times N}{1,000}$ (m/min)

- V : 표면속도
- D : 롤러 원통의 직경 (mm)
- N : 1분간에 롤러기가 회전되는 수 (rpm)

$$V = \dfrac{\pi \times 300 \times 300}{1,000} = 282.74 \text{(m/min)}$$

018 기계안전관리

와이어로프에 10ton의 중량을 2줄걸이 60°의 각도로 들어 올릴 때 와이어로프 한 가닥에 걸리는 하중을 계산하시오.

와이어로프 한가닥에 걸리는 하중(kgf)

$= \dfrac{w}{2} \div \cos \dfrac{\theta}{2} = \dfrac{10}{2} \div \cos \dfrac{60}{2} = 5.77 \text{ton}$

· w : 화물의 중량(kgf)
· θ : 화물을 로프로 들어올릴 때의 각도

019 기계안전관리

와이어로프에 100ton의 중량을 2줄걸이 30°의 각도로 들어 올릴 때 와이어로프 한 가닥에 걸리는 하중을 계산하시오.

와이어로프 한가닥에 걸리는 하중(kgf)

$= \dfrac{w}{2} \div \cos \dfrac{\theta}{2} = \dfrac{100}{2} \div \cos \dfrac{30}{2} = 51.76 \text{ton}$

· w : 화물의 중량(kgf)
· θ : 화물을 로프로 들어올릴 때의 각도

계산

020 기계안전관리

와이어로프에 4,200kgf의 중량을 2줄걸이 60°의 각도로 들어 올릴 때 와이어로프 한 가닥에 걸리는 하중을 계산하시오.

와이어로프 한가닥에 걸리는 하중(kgf)

$$= \frac{w}{2} \div \cos\frac{\theta}{2} = \frac{4200}{2} \div \cos\frac{60}{2} = 2424.87 \text{ kgf}$$

· w : 화물의 중량(kgf)
· θ : 화물을 로프로 들어올릴 때의 각도

021 기계안전관리

다음의 와이어로프를 달비계에 사용 가능한지, 불가능한지 이유와 함께 쓰시오.

* 공칭 지름 : 10mm
* 현재 지름 : 9.2mm

와이어로프 지름 감소율 $= \dfrac{\text{공칭지름} - \text{현재지름}}{\text{공칭지름}} \times 100$

$= \dfrac{10 - 9.2}{10} \times 100 = 8\%$

* 공칭 지름 감소율 7% 초과하여, 사용 불가능

022 기계안전관리

산업현장에서 사용되고 있는 출입금지 표지판의 배경반사율이 80% 이고, 관련 그림의 반사율이 20% 일때 이 표지판의 대비를 구하시오.

* 대비(%) $= \dfrac{\text{배경반사율} - \text{관련그림반사율}}{\text{배경반사율}} \times 100$

- 대비 $= \dfrac{Lb - Lt}{Lb}$

- Lb : 배경(background)의 반사율

- Lt : 관련그림(target)의 반사율

$\dfrac{80 - 20}{80} \times 100 = 75\,(\%)$

023 기계안전관리

다음 지게차에 안전하게 적재할 수 있는 화물 하중은 얼마(ton) 이하 인지 구하시오.

* 지게차의 중량 : 1ton
* 지게차 앞바퀴에서 지게차의 무게 중심까지의 거리 : 1m
* 지게차 앞바퀴에서 화물 중심까지의 거리 : 0.5m

* $M_1 \leq M_2$

* 화물하중 × 앞바퀴~화물 중심까지 거리 ≤ 지게차 중량 × 앞바퀴~지게차 중심까지 거리

- 하물하중 × 0.5 ≤ 1ton × 1m

  하물하중 ≤ 1ton × $\dfrac{1m}{0.5m}$ = 2 ton

참고 — 지게차의 안정조건

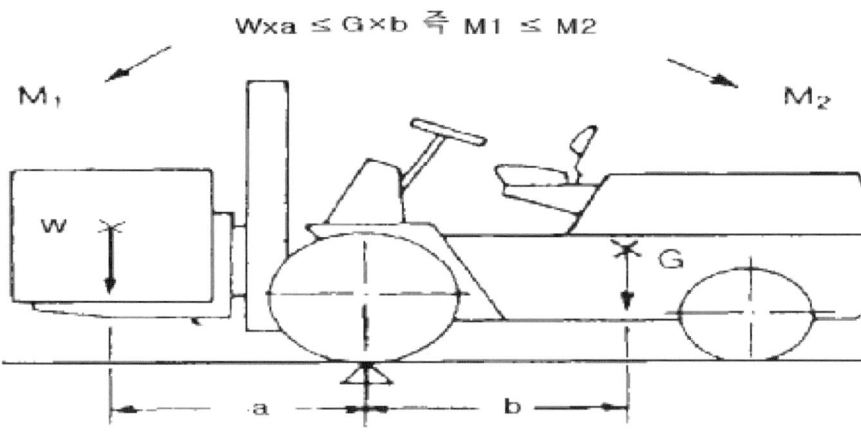

* W : 화물 중심에서의 화물의 중량 (kgf)
* G : 지게차 중심에서의 지게차 중량 (kgf)
* a : 앞바퀴에서 화물 중심까지의 최단거리 (cm)
* b : 앞바퀴에서 지게차 중심까지의 최단거리 (cm)
* M_1 : W × a .... 화물의 모멘트
* M_2 : G × b .... 자게차의 모멘트

〈 출처 : 안전보건공단, M-51-2002 〉

계산

024

전기 및
화학설비
안전관리

정전용량이 12(pF)인 도체가 프로판가스 상에 존재할 때 폭발사고가 발생할 수 있는 최소 대전 전위 (V)를 구하시오.
(단, 프로판가스의 최소발화에너지는 0.25(mJ) 이다.)

* 정전기의 최소 착화 에너지 (정전에너지) $E = \dfrac{1}{2}CV^2$
  - E : 정전기 에너지 (J)
  - C : 도체의 정전 용량 (F)
  - V : 대전 전위(V)

* $E = \dfrac{1}{2}CV^2$

* $V^2 = \dfrac{E}{\dfrac{1}{2}C}$

* $V = \sqrt{\dfrac{E}{\dfrac{1}{2}C}} = \sqrt{\dfrac{0.25 \times 10^{-3}}{\dfrac{1}{2} \times 12 \times 10^{-12}}} = 6454.97\ (V)$

($pF = 10^{-12}[F]$, $mJ = 10^{-3}[J]$)

025 이황화탄소의 폭발상한계가 44.0vol%, 폭발하한계가 1.2vol%, 위험도는 얼마인가?

전기 및 화학설비 안전관리

* 위험도 $(H) = \dfrac{U_2 - U_1}{U_1} = \dfrac{44.0 - 1.2}{1.2} = 35.67$

026 프로판 80vol%, 부탄 15vol%, 메탄 5vol% 로 된 혼합가스의 폭발 하한계를 계산하시오. (단, 프로판, 부탄, 메탄의 폭발하한계 값은 각각 5, 3, 2.1vol%로 이다.)

전기 및 화학설비 안전관리

* 폭발 범위 (폭발 하한계 및 폭발 상한계)의 계산 (L)

$$\dfrac{100}{L} = \dfrac{V_1}{L_1} + \dfrac{V_2}{L_2} + \dfrac{V_3}{L_3} \cdots \text{(vol\%)}$$

$$L = \dfrac{100}{\dfrac{V_1}{L_1} + \dfrac{V_2}{L_2} + \dfrac{V_3}{L_3} + \cdots + \dfrac{V_n}{L_n}} \text{(vol\%)}$$

- L : 혼합가스의폭발하한계(상한계)
- L_n : 단독가스의폭발하한계(상한계)
- V_n : 단독가스의공기 중 부피
- $100 : V_1 + V_2 + V_3 + \cdots$

$$\dfrac{80 + 15 + 5}{L} = \dfrac{80}{5} + \dfrac{15}{3} + \dfrac{5}{2.1}$$

$$L = \dfrac{100}{\dfrac{80}{5} + \dfrac{15}{3} + \dfrac{5}{2.1}} = 4.28 \text{ Vol\%}$$

계산

027 전기 및 화학설비 안전관리

수소 28vol%, 메탄 45vol%, 에탄 27vol% 일때, 이 혼합 기체의 공기 중 폭발 상한계의 값과 메탄의 위험도를 계산하시오.

구분	폭발하한계	폭발상한계
수소	4.0 vol%	75 vol%
메탄	5.0 vol%	15 vol%
에탄	5.0 vol%	12.4 vol%

(1) 폭발 상한계

$$\frac{100}{L} = \frac{28}{75} + \frac{45}{15} + \frac{27}{12.4}$$

$$L = \frac{100}{\frac{28}{75} + \frac{45}{15} + \frac{27}{12.4}} = 18.02 \, Vol\%$$

(2) 메탄의 위험도 $= \dfrac{\text{폭발 상한계} - \text{폭발하한계}}{\text{폭발 하한계}} = \dfrac{15-5}{5} = 2$

안전·보건 표지

금지표시

출입금지	보행금지	차량통행금지	사용금지	탑승금지
금연	화기금지	물체이동금지		

경고표시

인화성물질 경고	산화성물질 경고	폭발성물질 경고	급성독성물질 경고	부식성물질 경고
방사성물질 경고	고압전기 경고	매달린 물체 경고	낙하물 경고	고온 경고
저온 경고	몸균형 상실 경고	레이저광선 경고	발암성·변이원성·생식독성·전신독성·호흡기과민성 물질 경고	위험장소 경고

지시표시

보안경 착용	방독마스크 착용	방진마스크 착용	보안면 착용	안전모 착용
귀마개 착용	안전화 착용	안전장갑 착용	안전복 착용	

안내표시

녹십자표지	응급구호표지	들것	세안장치	비상용기구
비상구	좌측비상구	우측비상구		

작업형

건설 _ 1번 ~ 80번

기계기구 _ 81번 ~ 143번

전기 _ 144번 ~ 165번

용접 _ 166번 ~ 174번

화학 _ 175번 ~ 202번

보호구 _ 203번 ~ 226번

001-003 크레인

001 | 건설·크레인

크레인으로 전주를 옮기던 한 작업자가 있었는데, 다른 작업자가 떨어진 전주에 맞아 사고가 발생하는 장면을 보여준다.

1) 재해형태 작성
2) 가해물 작성
3) 전기 안전모 2종류 작성

1) ① 맞음
2) ① 전주=전봇대=전신주
3) ① AE종
　　② ABE종

002 | 건설·크레인

작업자 A는 크레인으로 전주를 세우고 있다. 전주가 덜 고정되어 있는 장면을 보여주고 있다. 그때, 활선 전로에 접촉하여 감전되는 사고가 발생하였다.

1) 안전대책 4가지

1) ① 울타리 설치 및 감시인 배치
　　② 절연용 방호구 설치
　　③ 이격거리 확보
　　④ 접지점 관리

003 | 건설·크레인

1) 충전전로에서 전기 작업을 하는 경우의 조치 사항의 빈칸 작성

   (1) 충전전로를 취급하는 근로자에게 그 작업에 적합한 (ⓐ)를 착용시킬 것
   (2) 충전전로에 근접한 장소에서 전기 작업을 하는 경우에는 해당 전압에 적합한 (ⓑ)를 설치할 것.

1) ⓐ : 절연용 보호구
   ⓑ : 절연용 방호구

004 | 건설·크레인

1) 크레인 작업 시작 전 점검 사항 3가지

1) ① 권과방지장치·브레이크·클러치 및 운전 장치의 기능
   ② 주행로의 상측 및 트롤리가 횡행하는 레일의 상태
   ③ 와이어로프가 통하고 있는 곳의 상태

005 | 건설·크레인

작업자 A는 크레인을 이용하여 2줄 걸이로 화물을 로프에 걸어 운반하고 있다. 수신호를 하던 작업자 B는 안전대와 안전모를 착용하지 않은 상태로 수신호를 하고 있다. 작업자 B는 수신호를 보내고 있는데, 작업자 A는 수신호를 보지 못한 채 다른 곳으로 운반하던 도중 삭은 줄이 끊어지면서 작업자 B쪽으로 화물이 떨어져 재해가 발생하였다. 화면은 유도로프가 설치되지 않은 것을 보여주고 있다.

1) 재해 원인 4가지
2) 조치 사항 4가지

1) ① 유도로프 미사용
   ② 훅 해지 장치 미사용
   ③ 신호수의 신호에 따른 작업 미준수
   ④ 와이어로프 안전 상태 미점검

2) ① 유도로프 사용
   ② 훅 해지 장치 사용
   ③ 신호수의 신호에 따른 작업 준수

작업

006 | 건설·크레인

작업자 A는 크레인으로 물체를 인양하던 중에 지나가던 작업자 B가 맞아 재해가 발생하였다.

1) 재해명칭
2) 정의

1) ① 맞음
2) ① 날아오거나 떨어진 물체에 맞음

007 | 건설·크레인

크레인 작업자가 크고 두꺼운 배관을 와이어로프로 부적절하게 한번만 감아 인양하고 있다. 중간에 확대된 화면에서는 손상되어 찢어진 부분이 있는 끈이 보이고. 배관을 다시 인양하는 도중, 아래에서 일하던 작업자의 머리 부근까지 내려오다가 배관이 갑자기 흔들려 떨어지며, 작업자를 가격하는 장면을 보여준다.

1) 위험 요인 3가지 작성

1) ① 유도로프 미사용
   ② 훅 해지 장치 미사용
   ③ 작업반경 내 근로자의 출입 통제 미실시

008-009
타워크레인

008 | 건설·타워크레인

작업자가 타워크레인을 사용하여 강관비계를 운반하던 중, 강관비계가 떨어져 아래에 있던 다른 작업자에게 사고가 발생하는 장면을 보여준다.

1) 사업주가 관계근로자에게 준수 하도록 해야 할 안전 수칙 3가지 작성

1) ① 인양할 하물을 바닥에서 끌어당기거나 밀어내는 작업을 하지 않을 것
   ② 고정된 물체를 직접 분리·제거하는 작업을 하지 않을 것
   ③ 작업 반경 내 근로자의 출입을 통제하고, 인양 중인 하물이 작업자의 머리 위로 통과하지 않도록 조치 할 것

009 | 건설·타워크레인

1) 타워크레인의 작업 중지 하여야 하는 조건
   ① 타워크레인 운전 작업을 중지하여야 하는 풍속조건
   ② 건설작업용 리프트(지하에 설치되어 있는 것은 제외) 및 승강기의 붕괴 등을 방지하기 위한 조치를 하여야 하는 풍속조건
   ③ 타워크레인 설치·수리·점검 또는 해체 작업을 중지하여야 하는 풍속조건
   ④ 옥외 주행 크레인의 이탈 방지 조치를 하여야 하는 풍속조건

1) ① 초당 15m 초과 (15m/s)
   ② 초당 35m 초과 (35m/s)
   ③ 초당 10m 초과 (10m/s)
   ④ 초당 30m 초과 (30m/s)

작업

010-012
이동식크레인

010 | 건설·이동식크레인

이동식 크레인으로 철근을 인양하는 도중 철근이 낙하하여 밑에서 작업하던 작업자 A가 부상을 입는 재해가 발생하였다.

1) 이동식 크레인 방호 장치 4가지
2) 산업안전보건법에 따른 안전검사 주기 작성

> 사업장에 설치가 끝난 날부터 ① 이내에 최초 안전검사를 실시하되, 그 이후부터 ②마다 실시
> 건설현장에서 사용하는 것은 최초로 설치한 날부터 ③마다 실시

1) ① 권과방지장치
   ② 과부하방지장치
   ③ 제동장치
   ④ 비상정지장치

2) ① 3년
   ② 2년
   ③ 6개월

011 | 건설·이동식크레인

이동식 크레인 작업 현장을 보여주고 있다.

1) 이동식 크레인 작업 시작 전 점검 사항 3가지

1) ① 권과방지장치 및 그 밖의 경보장치의 기능
   ② 브레이크·클러치 및 조정장치의 기능
   ③ 와이어로프가 통하고 있는 곳 및 작업 장소의 지반상태

012 | 건설·이동식크레인

작업자 A는 이동식 크레인으로 비계를 로프에 달아 운반하면서, 아래에 있던 수신호자가 통제하는 신호를 제대로 보지 못하여 신호자 위로 낙하물이 떨어지는 재해가 발생하였다.

1) 조치 사항 또는 준수 사항 3가지

1) ① 작업 시작 전 신호자와 신호방법을 정하고 신호에 따라 작업하도록 할 것
   ② 작업 중 운전석 이탈 금지
   ③ 이동식 크레인 하물을 운반하는 경우에는 해지 장치 사용

013 | 건설·이동식크레인

이동식크레인에 배관을 1줄걸이 상태로 불안정하게 운반하고 있으며, 와이어로프가 손상된 모습을 보여주고 있다. 작업자 A는 배관을 손으로 지지하다 배관이 흔들리며 작업자 A가 배관에 맞아 재해가 발생하였다. 훅의 해지장치가 설치되지 않은 것을 보여주고 있다.

1) 위험 요인 4가지

1) ① 훅의 해지장치 미설치
   ② 유도로프 미 사용
   ③ 와이어로프 안전 상태 미 점검
   ④ 줄걸이 방법 불량 (2줄 걸이로 할 것)

014 | 건설·이동식크레인

1) 이동식 크레인 방호 장치 명칭 작성

① 크레인에 있어서 정격하중 이상의 하중이 부하 되었을 때 자동적으로 상승이 정지 되는 장치
② 권과를 방지하기 위하여 자동적으로 동력을 차단하고 작동을 제동하는 장치
③ 훅에서 와이어로프가 이탈하는 것을 방지하는 장치

1) ① 과부하 방지장치
　② 권과 방지 장치
　③ 훅 해지 장치

작업

015-016
이동식크레인

015 | 건설·이동식크레인

작업자가 중량물을 인양하던 도중, 아래에 있는 작업자에게 중량물을 떨어뜨려 사고가 발생하는 장면을 보여준다.

1) 중량물 인양 작업 시, 안전 수칙 3가지 작성

1) ① 개인 보호구 착용 철저
   ② 고정된 물체를 직접 분리·제거하는 작업을 하지 않을 것
   ③ 작업반경 내 근로자의 출입을 통제하고, 인양 중인 하물이 작업자의 머리 위로 통과하지 않도록 조치 할 것

016 | 건설·이동식크레인

고전압이 흐르는 고압선 아래에서 이동식 크레인을 사용하여 화물을 인양하던 중, 스파크가 일어나는 장면을 보여준다.

1) 작업 시 안전 수칙 3가지 작성

1) ① 절연용 방호구 설치
   ② 울타리 설치 또는 감시인 배치
   ③ 이격거리 확보

017 | 건설·호이스트크레인

작업자가 한손으로는 인양물을 잡고 다른 한손으로는 호이스트 컨트롤러를 작동 시키면서
1자형 배관을 인양 하고 있다.
인양물의 가운데에 슬링벨트가 2줄걸이로 감겨있고, 유도로프는 보이지 않는다.
인양물이 조금씩 흔들리고, 작업자는 인양물을 보면서 이동 하다가 혼자 자재에 걸려 넘어진다.

1) 위험 요인 2가지 작성 (단, 유도자, 작업현장 정리정돈, 안전교육 사항은 제외)

1) ① 유도로프 미사용
   ② 낙하물 위험 구간에서 작업

작업

018 | 건설·마그네틱크레인

금형을 마그네틱 크레인으로 옮기려 하는 작업자 A는 안전모를 착용하지 않은 상태, 목장갑 착용한 상태로 작업하고 있다. 금형을 크레인에 연결한 후, 작업자는 오른손으로 금형을 잡고 왼손으로는 전기배선의 피복이 벗겨진 조정장치를 누르면서 이동하다가 갑자기 쓰러지면서 오른손이 마그네틱 On/Off 레버를 건드려 금형이 발등위로 떨어져 재해가 발생하였다.

1) 위험 요인 4가지

1) ① 안전모 미착용
   ② 전기배선의 피복 상태 불량
   ③ 유도로프 미사용
   ④ 신호수를 배치하지 않음

019 | 건설·겐트리크레인

동영상에서 크레인을 보여주고 있다.

① 아래의 보기를 보고 크레인의 명칭 작성

[보기]
호이스트, 겐트리크레인, 지브크레인, 서스펜스크레인

② 작업장 바닥에 고정된 레일을 따라 주행하는 크레인의 새들 돌출부와 주변 구조물 사이의 안전 공간은 최소 얼마 이상인지 쓰시오.

1) 겐트리크레인
2) 40cm

작업

020-023 항타기항발기

020 | 건설·항타기/항발기

안전모를 착용한 작업자 A는 항타기·항발기를 사용하여 땅을 파서 전주를 옮기고 있다. 항타기에 고정된 전주가 흔들거리기 시작하면서 주변의 활선 전로에 접촉되어 스파크가 일어나는 장면을 보여주고 있다.

1) 발생 이유 4가지
2) 안전 조치사항 4가지

1) ① 울타리 미설치
   ② 감시인 미배치
   ③ 절연방호구 미설치
   ④ 접지점 미관리

2) ① 울타리 설치
   ② 감시인 배치
   ③ 절연방호구 설치
   ④ 접지점 관리

021 | 건설·항타기/항발기

1) 빈 칸 작성
- 항타기·항발기의 권상장치의 드럼축과 권상장치로부터 첫 번째 도르래의 축과의 거리를 권상장치 드럼폭의 (①)배 이상으로 하여야 한다.
- 도르래는 권상장치 드럼의 (②)을 지나야 하며 (③)에 있어야 한다.

1) ① 15
　② 중심
　③ 수직면

022 | 건설·항타기/항발기

화면에서 작업자 A가 항타기·항발기 작업을 하는 모습을 보여주고 있다.

1) 점검사항 5가지

1) ① 본체 연결부의 풀림 또는 손상의 유무
　② 권상장치의 브레이크 및 쐐기장치 기능의 이상 유무
　③ 권상기 설치상태 이상의 유무
　④ 버팀방법 및 고정상태 이상 유무
　⑤ 권상용 와이어로프 · 드럼 및 도르래의 부착상태의 이상 유무

023 | 건설·항타기/항발기

1) 항타기·항발기를 이용해, 땅을 파고, 전주를 세운 후, 충전전로에서의 전기작업에 관한 조치사항이며 빈칸 작성

　근로자에게 충전전로에서의 작업에 적절한 (①)를 착용시켜야 하며, 충전전로에서의 전압에 적합한 (②)를 설치하여야 한다.

　충전전로 인근에서 작업이 있는 경우 차량등을 충전전로의 충전부로부터 (③) 이상 이격시켜 유지시키되, 대지전압이 50kV를 넘는 경우 이격시켜 유지하여야 하는 거리는 10kV 증가할 때마다 (④) 씩 증가시켜야 한다.

1) ① 절연용 보호구
　② 절연용 방호구
　③ 300cm
　④ 10cm

작업

024 | 건설·항타기/항발기

1) 연약한 지반에 설치하는 경우 (가) 받침 등 지지구조물의 침하를 방지하기 위하여, 깔판,받침목 등을 사용 할 것

2) 궤도 또는 차로 이동 하는 항타기 또는 항발기에 대해서는 불시에 이동 하는 것을 방지하기 위하여 레일클램프 및 (나) 등으로 고정 시킬 것

1) 가) 아웃트리거
2) 나) 쐐기

025 | 건설·백호우

백호우에 화물을 매달아서 올리는 중 작업자 2명이 보인다.
2줄걸이 상태로 하물을 인양 하고있고, 작업자A가 한손은 화물을 잡고 수신호를 하고 있음.
(신호수미배치) 해당 수신호를 백호우 운전수가 보지 못하였고, 작업자B는 화물이 기울어지며 넘어지는 장면을 보여준다.

1) 위험 요인 4가지 작성

1) ① 인양물과 근로자가 접촉할 우려가 있는 장소에 근로자의 출입 금지 시킬 것
   ② 달기구 해지장치 미사용
   ③ 굴착기 퀵커플러 또는 작업 장치에 달기구가 부착되어 있는 등 인양 작업이 가능하도록 제작된 기계가 아님
   ④ 굴착기 제조사에서 정한 작업설명서에 따라 인양 하지 않음
   (영상에서 명확하게 해당 장비가 사용 할 수 있는지 설명 안했기 때문)

작업

026-029
터널굴착공사

026 | 건설·터널굴착공사

터널 굴착공사 장면을 보여주고 있다.

1) 터널 굴착공사 계측 방법의 종류 4가지

1) ① 내공변위 측정
   ② 지중변위 측정
   ③ 천단침하 측정
   ④ 록볼트 축력 측정

027 | 건설·터널굴착공사

터널 굴착공사 작업하는 곳에서 터널 지보공을 보여주고 있다.

1) 터널 지보공 점검 사항 4가지

1) ① 부재의 손상·변형·부식·변위 및 탈락의 유무
   ② 부재의 긴압의 정도
   ③ 부재의 접속부 및 교차부의 상태
   ④ 기둥침하의 유무와 상태

028 | 건설·터널굴착공사

널 굴착 중 컨베이어를 통해 굴착토를 운반하며 돌가루로 인해 분진이 발생한다. 덮개가 없는 컨베이어로 모래와 돌가루를 밖으로 보내고 있다. 굴착용 장비에는 작업자 2명이 있고, 주변에는 방진마스크를 착용하지 않은 작업자 5명이 서 있다. 굴착용 장비에서는 지속적으로 분진이 발생하고 있다.

근로자에게 발생할 수 있는 위험 요인 2가지

1) ① 방진마스크 미착용
   ② 환기설비 미설치

029 | 건설·터널굴착공사

작업자 A가 광산에서 다이너마이트를 설치하는 작업을 수행하고 있다. 작업 중에 낙석으로 인해 작업자 A에게 위험에 노출되어 있는 장면을 보여주고 있다.

1) 낙반 등에 의한 위험 방지 대책 3가지

1) ① 터널 지보공 설치
   ② 부석의 제거
   ③ 록볼트의 설치

작업

030 | 건설·장약발파공사

작업자 A는 강봉(철근)을 이용하여 장전구 안에 화약을 4개 정도 밀어 넣고, 접속한 전선을 꼬아서 주변 선 위에 올려놓고 있는 장면을 보여주고 있다.

1) 위험 요인
2) 안전 대책

1) ① 강봉(철근)으로 화약류 장전 시 충격 · 정전기 · 마찰 등에 의한 폭발의 위험

2) ① 규정된 장전봉으로 장전을 실시 할 것

031 | 건설·지게차

작업자 A는 지게차를 운전하여 자재를 싣고, 작업 장소로 이동하고 있다. 실려있는 화물을 불안정하게 적재하여 밧줄로 묶지 않은 상태를 보여주고 있다. 작업자 A는 잘 보이지 않는 상태로 지게차를 운전하여 작업 장소로 이동하고 있는데, 화물이 갑자기 쓰러지면서 그 곳에 있던 작업자 B와 충돌하는 재해가 발생하였다

1) 위험 요인 3가지
2) 안전 조치 사항 3가지

1) ① 화물을 불안정하게 적재하여 화물의 낙하 위험
   ② 화물을 높이 적재하여 시야 미확보로 위험
   ③ 지게차 유도자 미배치로 인해 위험

2) ① 화물을 불안정하게 적재하여 화물의 낙하 우려가 있는 경우에는 밧줄 또는 로프로 묶어 안전 조치 할 것
   ② 운전자는 지게차에서 하차하여 다른 작업자의 이동이 있는지 안전 확보한 후 이동할 것
   ③ 화물을 높이 적재하여 운전자의 시야가 확보되지 않을 경우에는 유도자를 배치하여 지게차를 유도할 것

작업

032-033 지게차

작업자 A가 지게차 화물을 적재하는 모습을 보여주고 있다.

032 | 건설·지게차

1) 지게차 작업 시작 전 점검 사항 4가지

1) ① 제동장치 및 조종장치 기능의 이상 유무
② 하역장치 및 유압장치 기능의 이상 유무
③ 바퀴의 이상 유무
④ 전조등 · 후미등 · 방향지시기 및 경보장치 기능의 이상 유무

033 | 건설·지게차

1) 지게차 안정도 빈칸 작성

지게차의 안정도 종류	안정도
하역작업 시 전후 안정도	①
하역작업 시 전후 안정도(5ton 이상)	②
하역작업 시 좌우 안정도	③
주행 시 전후 안정도	④
주행 시 좌우 안정도(5km로 주행)	⑤

1) ① 4% 이내
② 3.5% 이내
③ 6% 이내
④ 18% 이내
⑤ 15+1.1V(최고속도) = 20.5% 이내

**034-035
지게차**

034 | 건설·지게차

작업자가 해당 장비를 이용하여, 작업을 진행 하고 있다.

1) 기계 이름 작성
2) 방호장치 4가지 작성

1) ① 지게차

2) ① 헤드가드
   ② 백레스트
   ③ 전조등
   ④ 후미등

035 | 건설·지게차

작업자 A가 지게차 작업을 하고 있다.

1) 화면에서 보여주고 있는 작업의 작업계획서 포함하여야 할 내용 2가지

1) ① 해당 작업에 따른 추락 · 낙하 · 전도 · 협착 및 붕괴 등의 위험예방대책
   ② 차량계 하역운반기계 등의 운행 경로 및 작업 방법

작업

036 | 건설·지게차

작업자 A가 지게차 작업을 하고 있다.

1) 지게차 마스트를 뒤로 기울일 경우 마스트 후방으로 하물이 떨어지는 것을 막아주는 짐받이 틀의 명칭을 작성 하시오.

2) 지게차 헤드가드가 갖춰야 할 조건 3가지를 작성 하시오.

1) 백레스트

2) ① 상부틀의 각 개구의 폭 또는 길이는 16cm 미만으로 할 것
   ② 강도는 지게차 최대 하중의 2배(4톤이 넘으면 4톤으로 한다.)에 해당하는 등분포정 하중에 견딜 것
   ③ 운전자가 앉아서 조작하거나 서서 조작하는 지게차의 헤드가드는 한국산업표준에서 정하는 높이 기준의 이상일 것 (좌식 : 0.903m, 입식 : 1.88m)

037 | 건설·지게차

사업주는 사업장에서 지게차를 이용하여 하역 및 운반작업을 할 때에는 보유하고 있는 지게차별로 미리 작업에 관련되는 작업계획서를 작성하고 그 작업계획에 따라 작업을 실시하여야 한다.

1) 작업계획서 작성 시기 4가지

1) ① 지게차 운전자가 변경되었을 경우
   ② 작업장소 또는 화물의 상태가 변경 되었을 경우
   ③ 작업장내 구조, 설비 및 작업 방법이 변경 되었을 경우
   ④ 일상 작업은 최초 작업 개시 전에 작성

038 | 건설·지게차

작업자2명이 지게차 포크 위에서 전구 교체 작업을 하고 있다. 지게차 운전자가 지게차를 움직였고, 전구를 교체하던 작업자2명이 바닥에 떨어지는 사고가 발생한다.

① 불 안전한 행동 4가지 작성

1) ① 지게차 포크 위에서 작업함
   ② 작업자가 포크에 올라 탄 채 지게차 운전자가 지게차를 움직임
   ③ 개인보호구(절연장갑) 미착용
   ④ 전구 교체 전 전원 미차단

작업

039 | 건설·지게차

작업자 A와 지게차에 시동을 끄지 않은 채로 주유를 하면서 작업자 B와 흡연을 하고 있는 장면을 보여준다.

1) 위험 요인 2가지
2) 근본적인 위험 요인
3) 재해발생 형태 2가지

1) ① 인화성 물질 근처에서 흡연하고 있음
   ② 운전석을 이탈하였음에도 시동키를 운전대에서 분리시키지 않음

2) ① 인화성 물질이 있는 장소에서 흡연하고 있어 화재 및 폭발의 위험이 있다.

3) ① 화재
   ② 폭발

040 | 건설·작업발판

작업자 A는 작업발판을 설치하고 있다.

1) 작업발판 폭
2) 발판 재료 간 틈새의 간격
3) 작업발판 설치 기준 5가지

1) ① 40cm 이상

2) ① 3cm 이하

3) ① 추락의 위험이 있는 장소의 경우, 안전난간을 설치할 것
   ② 작업발판재료는 뒤집히거나 떨어지지 아니하도록 둘 이상의 지지물에 연결하거나 고정시킬 것
   ③ 작업발판의 지지물은 하중에 의하여 파괴될 우려가 없는 것을 사용할 것
   ④ 작업에 따라 이동시킬 경우 위험방지 조치를 할 것

작업

041-043
작업발판

041 | 건설·작업발판

작업자 A는 작업발판을 설치 도중, 발을 헛디뎌 추락하였다.

1) 추락 원인 3가지

1) ① 안전난간 미설치
　② 안전대 미착용
　③ 추락방호망 미설치

042 | 건설·작업발판

작업자 A는 작업발판을 설치하고 있으며, 작업자 A가 이동하는 도중, 발판 끝쪽 부분에 걸려 바닥으로 떨어져 재해가 발생하였다.

1) 재해 명칭　　2) 기인물

1) ① 떨어짐
2) ① 발판

043 | 건설·작업발판

작업자 A가 철골 위에서 발판을 설치하는 중이다. 작업자 A가 발판을 밟고 지나가다 발판 끝 부분에 걸려 땅으로 떨어져 재해가 발생하였다.

1) 재해 발생형태　　2) 기인물

1) ① 떨어짐　　　　2) ① 작업발판(발판)

044 | 건설·아파트

작업자 A는 아파트 창틀에서 코킹작업을 하던 중 바닥으로 떨어지는 추락사고가 발생하였다.

1) 추락 원인 4가지
2) 가해물

1) ① 안전난간 미설치
   ② 안전대 미착용
   ③ 추락방호망 미설치
   ④ 안전대 부착설비 미설치

2) ① 가해물 : 바닥

작업

045 | 건설·승강기

승강기 피트 안 불안하게 설치 된 작업발판이 보이며, 안전모를 착용한 작업자가 망치를 들고 작업중이다. 승강기 피트 입구에는 안전난간이 있지만, 피트 내 작업반경 구역에는 안전난간이 보이지 않는다. 작업자가 이동 중, 추락하는 모습이 보이고, 바닥에는 아무런 방호장치가 설치되어 있지 않다.

1) 작업에서의 불안전요소 5가지 작성

1) ① 작업발판 설치 불량
　② 안전 난간 미설치
　③ 안전대 미착용
　④ 안전대 부착 설비에 안전대 미체결
　⑤ 추락방호망 미설치

046 | 건설·승강기

작업자 A는 승강기 피트 내부 점검하려고 덮개를 열자, 수분이 많이 먹은 나무판자를 밟고 작업을 하려다 추락하는 재해가 발생하였다.

1) 발생 이유 4가지
2) 안전 조치 사항 4가지

1) ① 작업발판 상태 불량
   ② 안전대 미착용
   ③ 추락방호망 미설치
   ④ 안전 난간 미설치

2) ① 작업발판 상태 점검
   ② 안전대 착용
   ③ 추락방호망 설치
   ④ 안전 난간 설치

작업

047-048
리프트

047 | 건설·리프트

작업자 A가 리프트를 타고 위로 이동하고 있는 장면을 보여준다.

1) 리프트 작업 시작 전 점검 사항 2가지

1) ① 와이어로프가 통하고 있는 곳의 상태
　② 방호장치 · 브레이크 및 클러치의 기능

048 | 건설·리프트

건설용 리프트 방호장치를 보여주고 있다.

1) 건설용 리프트 방호장치 9가지

1) ① 권과방지장치　　　② 과부하방지장치
　③ 비상정지장치　　　④ 완충스프링
　⑤ 안전고리　　　　　⑥ 방호울 출입문 연동장치
　⑦ 3상 전원 차단장치　⑧ 출입문 연동장치
　⑨ 낙하방지장치(조속기)

049 | 건설·리프트

건설용 리프트 방호장치를 보여주고 있다.

1) 건설용 리프트 방호장치명

장치명	방호장치	장치명	방호장치
①		④	
②		⑤	
③-1		⑥	
③-2		⑦	

1) ① 완충스프링
② 비상정지장치
③-1 : 기계식 과부하 방지장치
③-2 : 전자식 과부하 방지장치
④ 출입문 연동장치
⑤ 방호울 출입문 연동 장치
⑥ 3상 전원 차단 장치
⑦ 낙하방지장치(조속기)

050 | 건설·흙막이지보공

1) 근로자를 어떠한 위험으로부터 보호하기 위함인지 작성
2) 흙막이 지보공을 설치 할 때 점검 사항 4가지

1) 지반의 붕괴 방지

2) ① 부재의 손상·변형·부식·변위 및 탈락의 유무와 상태
   ② 부재의 접속부·부착부 및 교차부의 상태
   ③ 버팀대의 긴압정도
   ④ 침하의 정도

051 | 건설·해체작업

작업자 A는 거푸집 동바리의 해체 작업진행 중에 지나가던 작업자 B가 거푸집의 잔해가 떨어져 맞는 재해가 발생하는 장면을 보여주고 있다.

1) 거푸집 동바리의 해체 작업 시 준수 사항 4가지

1) ① 재료·기구 또는 공구 등을 올리거나 내리는 경우에는 근로자로 하여금 달줄·달포대 등을 사용할 것

② 해당 작업을 하는 구역에는 관계 근로자가 아닌 사람의 출입 금지할 것

③ 비·눈 그 밖의 기상상태의 불안정으로 인하여 날씨가 몹시 나쁠 때에는 그 작업을 중지할 것

④ (낙하·충격에 의한 돌발적 재해를 방지하기 위하여) 버팀목을 설치하고 거푸집 동바리 등을 인양장비에 매단 후에 작업할 것

작업

052-055
압쇄기

052 | 건설·해체작업(압쇄기)

작업자 A는 압쇄기를 이용하여 건물을 해체하는 장면을 보여주고 있다.

1) 건물 등의 해체작업 계획서 작성 시 포함사항

1) ① 해체물의 처분 계획
　② 해체방법 및 해체순서 도면
　③ 해체작업용 기계·기구 등의 작업계획서
　④ 사업장 내 연락 방법

053 | 건설·해체작업(압쇄기)

작업자 A는 압쇄기를 이용하여 건물을 해체하고 있는데, 작업자 B가 작업 주변에 머물러서 수신호를 하고 있다.

1) 해체장비로부터 작업자의 이격 거리

1) ① 4m 이상

054 | 건설·해체작업(압쇄기)

작업자 A는 장비를 이용하여 건물을 해체 하는 장면을 보여주고 있다.

1) 해체 장비의 명칭
2) 준수 사항 5가지

1) ① 압쇄기

2) ① 압쇄기 연결구조부는 보수 점검을 수시로 할 것
   ② 압쇄기의 부착과 해체에는 경험이 많은 사람으로서 선임된 자에 한하여 실시 할 것
   ③ 배관 접속부의 핀, 볼트 등 연결 구조의 안전 여부를 점검 할 것
   ④ 압쇄기의 중량 등을 고려, 차체에 무리를 초래하는 중량의 압쇄기 부착을 금지할 것
   ⑤ 절단 날은 마모가 심하므로, 적절한 시기에 교환할 것

055 | 건설·해체작업(압쇄기)

작업자가 해체 장비를 사용하여 건물을 붕괴시키고 있는 장면을 보여준다.

1) 해체물의 높이가 9m일 때, 해체장비와 해체물 사이의 안전거리는 몇m인지 작성

1) ① 안전거리공식
   = 0.5 x 해체물 높이 =0.5 x 9 =4.5m이상

작업

056-058
고소작업대

056 | 건설·고소작업대

작업자 A는 고소작업대를 이동시켜서 산소절단기로 철근을 절단하고 있다.

1) 고소작업대 이동 시 준수 사항 3가지
2) 고소작업대 안전 작업 준수 사항 3가지

1) ① 작업대를 상승시킨 상태에서 작업자를 태우고 이동하지 말 것
   ② 작업대를 가장 낮게 내릴 것
   ③ 이동통로의 요철상태 또는 장애물의 유무 등 확인할 것

2) ① 안전모 착용
   ② 작업대는 정격하중 초과하여 물건을 싣거나 탑승금지
   ③ 안전 작업을 위해 적정수준 조도를 유지할 것

057 | 건설·고소작업대

고소작업대에 작업자 A를 태우고 다리 밑으로 이동한 후, 고소작업대를 상승시켜 용접 작업을 하고 있다. 작업자 A는 안전모를 착용하였지만, 다른 보호구들은 착용하지 않은 상태이다.

1) 근로자의 준수 사항 3가지

1) ① 작업자를 태우고, 고소작업대 이동하지 말 것
   ② 작업대는 정격하중을 초과하여 물건을 싣거나 탑승하지 말 것
   ③ 안전모 · 안전대 등의 보호구 착용

058 | 건설·고소작업대

1) 작업대 정격하중 안전율 (가) 이상 표시 할 것
2) 작업대에 끼임·충돌 등 재해를 예방하기 위한 가드 또는 (나)를 설치 할 것

1) 가) 5
2) 나) 과상승방지장치

> 참고: 아래 사진은 "과상승방지장치"입니다. 참고하세요.

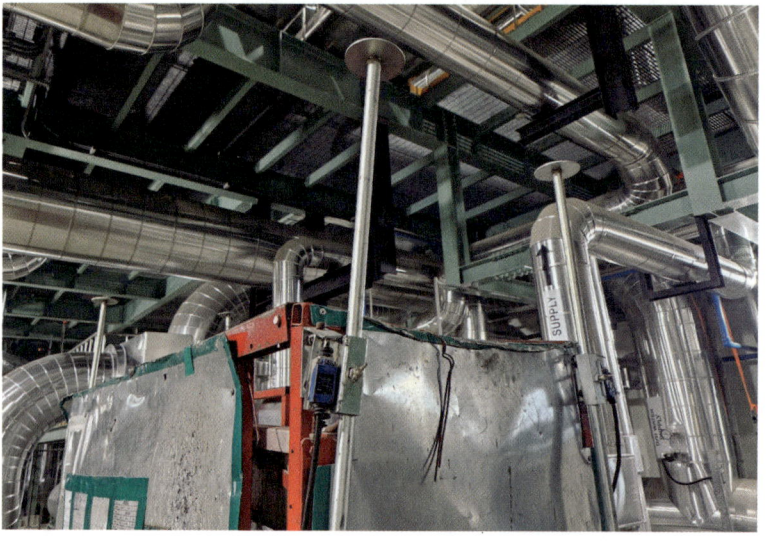

059 | 건설·하역운반기계

덤프트럭에서 하차하여 적재함을 올려 실린더 유압장치 밸브를 수리하다 작업자 A는 장갑이 끼이는 사고가 발생하였다.

1) 차량계 하역운반기계 등의 수리 또는 부속장치의 장착 및 해체 작업을 할 때 작업 시작 전 조치사항 4가지
2) 방호장치

1) ① 작업계획서를 작성하고 계획대로 진행한다.
　　② 하역장치 및 유압장치 기능의 이상 유무를 확인한다.
　　③ 안전지지대 또는 안전블록 등을 이용해 받쳐준다.
　　④ 작업순서를 결정하고 작업지휘자를 지정하여 작업한다.

2) ① 안전지지대
　　② 안전블록

060 | 건설·철골

철골 공사 작업 현장을 보여주고 있다.

1) 철골공사 작업중지 기준 3가지 작성

1) ① 풍속 : 10m/s 이상인 경우
   ② 강우량 : 1mm/hr 이상인 경우
   ③ 강설량 : 1cm/hr 이상인 경우

작업

061 | 건설·콘크리트

작업자 A와 B는 콘크리트 타설작업을 하고 있는 장면을 보여주고 있다.

1) 콘크리트 타설 작업 시 준수 사항 4가지

1) ① 콘크리트 타설작업 시 거푸집 붕괴의 위험이 발생할 우려가 있을 때에는 충분한 보강조치를 할 것
② 설계도서 상의 콘크리트 양생 기간을 준수하여 거푸집동바리 등을 해체할 것
③ 콘크리트 타설하는 경우에는 편심이 발생하지 않도록 골고루 분산하여 타설할 것
④ 작업 중에는 거푸집 동바리등의 변형·변위 및 침하·유무 등을 감시할 수 있는 감시자를 배치하여 이상이 있으면 작업을 중지하고 근로자를 대피시킬 것

062-064
추락방호망

062 | 건설·추락방호망

작업자 A는 안전 난간이 없는 곳에서 교량 점검 작업을 하고 있다. 추락방호망은 설치되지 않았다. 작업자 A가 이동하려는 순간 발을 헛디뎌 추락하는 장면을 보여주고 있다.

1) 사고 요인 3가지
2) 높이 2m 이상 장소에서의 작업발판의 폭
3) 안전대책 3가지

1) ① 안전대 미착용 ② 추락방호망 미설치 ③ 안전난간 미설치
2) ① 40cm 이상
3) ① 안전대 착용 ② 추락방호망 설치 ③ 안전난간 설치

063 | 건설·추락방호망

추락방호망 장면을 보여주고 있다.

1) 명칭
2) 설치지점까지 수직거리
3) 추락방호망은 (①)으로 설치하고, 망의 처짐은 짧은 변 길이의 (②)이 되도록 할 것

1) ① 추락방호망
2) ① 10m 이내
3) ① 수평
   ② 12% 이상

작업

064 | 건설·추락방호망

작업자 A는 안전 난간이 없는 곳에서 교량 점검 작업을 하고 있다. 추락방호망은 설치되지 않았다. 작업자 A가 이동하려는 순간 발을 헛디뎌 추락하는 장면을 보여주고 있다.

1) 추락재해 방지시설 3가지
2) 낙하재해 방지시설 3가지

1) ① 추락방호망
   ② 안전난간
   ③ 작업발판

2) ① 낙하물방지망
   ② 수직보호망
   ③ 방호선반

065 | 건설·낙하물방지망

1) 낙하물 방지망의 설치 높이는 (①) m 이내마다 설치하고, 내민 길이는 벽면으로부터 (②) m 이상으로 할 것
2) 수평면과의 각도는 (①) 유지할 것

1) ① 10m
   ② 2m
2) ① 20° 이상 30° 이하

066 | 건설·이동식비계

작업자 A가 이동식비계 위에서 작업하고 있다. 주변에는 안전난간이 없으며, 이동식 비계의 바퀴에는 고정이 안되어 흔들거리면서 불안정한 것을 보여주고 있다. 나무판자로 된 작업발판이 움푹 패여진 것을 보여주고 있다.

1) 이동식 비계 작업 시, 준수 사항 4가지 작성

1) ① 승강용사다리는 견고하게 설치할 것

② 비계의 최상부에서 작업할 경우 안전난간을 설치할 것

③ 작업발판은 항상 수평을 유지하고 작업발판 위에서 안전난간을 딛고 작업을 하거나 받침대 또는 사다리를 사용하여 작업하지 않도록 할 것

④ 이동식비계 바퀴에는 갑작스러운 이동 또는 전도를 방지하기 위하여 브레이크·쐐기 등으로 바퀴를 고정시킨 다음 비계의 일부를 견고한 시설물에 고정하거나 아웃트리거를 설치하는 등 필요한 조치를 할 것

작업

067 | 건설·말비계

작업자 A는 말비계를 조립 작업을 하고 있는 장면을 보여주고 있다.

1) 말비계 조립하는 경우 사업주의 준수 사항 작성 3가지

1) ① 지주부재의 하단에는 미끄럼 방지 장치를 하고, 근로자가 양측 끝 부분에 올라서서 작업하지 않도록 할 것
② 지주부재와 수평면의 기울기를 (75°이하)로 하고, 지주부재와 지주부재 사이를 고정시키는 (보조부재)를 설치할 것
③ 말비계의 높이가 (2m) 초과하는 경우에는 작업발판의 폭을 (40cm) 이상으로 할 것

068 | 건설·이동식사다리

작업자 A는 이동식 사다리를 작업하다 이동식 사다리에서 추락하는 장면을 보여주고 있다.

1) 이동식 사다리 안전 기준 3가지

1) ① 길이가 6m 초과해서 안된다.
② 다리의 벌림은 벽 높이의 ¼정도가 적당하다.
③ 벽면 상부로부터 최소한 60cm 이상의 연장길이가 있어야 한다.

069 | 건설·고정식 사다리

고정식 사다리를 보여주고 있다

1) 고정식 사다리를 설치 하는 경우 준수 사항 3가지 작성

1) ① 견고한 구조로 할 것
   ② 심한손상·부식 등이 없는 재료를 사용 할 것
   ③ 발판의 간격은 일정하게 할 것
   ④ 발판과 벽과의 사이는 15cm이상의 간격을 유지 할 것
   ⑤ 폭은 30cm 이상으로 할 것
   ⑥ 사다리가 넘어지거나 미끄러지는 것을 방지하기 위한 조치를 취할 것
   ⑦ 사다리식 통로의 길이가 10m 이상인 경우에는 5m이내마다 계단참을 설치할 것
   ⑧ 사다리의 상단은 걸쳐놓은 지점으로부터 60cm 이상 올라가도록 할 것

070 | 건설·와이어로프

1) 와이어로프 사용 금지하는 기준 작성 6가지

1) ① 꼬인 것
   ② 이음매가 있는 것
   ③ 심하게 변형되거나 부식된 것
   ④ 열 또는 전기충격에 의해 손상된 것
   ⑤ 지름의 감소가 공칭지름의 7%를 초과한 것
   ⑥ 와이어로프의 한 꼬임에서 끊어진 소선의 수가 10% 이상인 것

071-072
강관비계

071 | 건설·강관비계

강관비계가 설치 된 공사 현장을 보여주고 있다.

1) 비계기둥의 간격은 띠장 방향에서 (①)m 이하, 장선방향에서는 (②)m 이하로 할것

1) ① 1.85m
   ② 1.5m

072 | 건설·강관비계

강관비계가 설치 된 공사 현장을 보여주고 있다.

) 규격화·부품화된 수직재, 수평재 및 가새재 등의 부재를 현장에서 조립하여 거푸집으로 지지하는 동바리 형식의 명칭 작성
2) 동바리 최상단과 최하단의 수직재와 받침철물은 서로 밀착되도록 설치하고 수직재와 받침철문의 연결부의 겹침길이는 받침철물 전체길이의 (①) 이상 되도록 할 것

1) ① 시스템 동바리
2) ① ⅓

작업

073 | 건설·파괴해머

안전모, 안전화, 목장갑을 착용한 작업자가 파괴해머를 사용하여 보도블럭 옆 인도에서 작업을 하고 있으며, 주변에는 별도의 , 감시자도 따로 없다. 전원은 리드선을 통해 공급되고 있으며, 전기줄이 파괴해머에 감겨 있는 모습이 보여진다. 마지막 화면에서 작업자의 얼굴에 초점을 맞추는데, 귀마개, 보안경, 방진마스크는 착용하지 않은 모습을 보여준다.

1) 작업자가 파괴해머 작업 시, 착용 해야할 보호구 5가지를 작성
   (단, 화면에 보이는 보호구라도, 작성해도 무방함)

1) ① 안전모
   ② 안전화
   ③ 보안경
   ④ 방진마스크
   ⑤ 귀마개

074 | 건설·전기톱

작업자 A는 작업발판을 한쪽 발로 밟고 나무판자를 소형 전기톱으로 절단하던 중 작업발판이 흔들거리면서 작업자 A는 바닥에 넘어지는 장면을 보여주고 있다.

1) 기인물
2) 가해물
3) 재해발생형태
4) 재해발생형태의 정의

1) ① 작업발판
2) ① 바닥
3) ① 넘어짐
4) ① 미끄러지거나 넘어짐

작업

075 | 건설·박공지붕

한 건설현장에서 박공지붕 작업을 진행하는 장면을 보여준다. 안전장비 설치가 제대로 이루어지지 않아 안전난간이나 추락방호망 설치가 되지 않았다. 작업자 A가 지붕 위에서 안전모, 안전대를 풀고 점심을 먹으려고 샌드위치를 먹고 있는데, 샌드위치 포장지가 날아가자 잡으려고 시도하였으나 발을 헛디뎌 박공지붕에서 추락하는 사고가 발생하였다.

1) 위험 노출 요인 4가지
2) 안전 대책 4가지

11) ① 안전난간 미설치
 ② 추락방호망 미설치
 ③ 안전대 미착용
 ④ 안전모 미착용

2) ① 안전난간 설치
 ② 추락방호망 설치
 ③ 안전대 착용
 ④ 안전모 착용

076 | 건설·콘크리트

1) 콘크리트 양생을 위한 열풍기의 안전수칙 5가지

1) ① 소화기를 비치할 것
② 전원을 연결하기 전 스위치가 꺼진 상태인지 확인할 것
③ 열풍기 외함 접지 및 누전차단기를 설치할 것
④ 주변 불티방지포로 방호조치할 것
⑤ 열풍기 놓는 바닥은 평평해야 하고 주변은 인화성 및 가연성 물질 등이 없을 것

077 | 건설·가설통로

1) 가설통로의 설치작업 기준
① 경사는 (①)° 이하일 것
② 경사가 (②)°를 초과하는 경우 미끄러지지 아니하는 구조로 할 것

1) ① 30°
② 15°

작업

078 | 건설·계단참

건설공사 현장에 설치된 계단을 보여주고 있다.

(1) 사업주는 계단 및 계단참을 설치하는 경우 매제곱미터당 (①)kg 이상의 하중에 견딜 수 있는 강도를 가진 구조로 설치하여야 하며, 안전율 (②) 이상으로 하여야 한다.
(2) 계단을 설치하는 경우 그 폭을 (③)m 이상으로 하여야 한다.(다만, 급유용·보수용·비상용 계단 및 나선형 계단이거나 높이 (④)m미만의 이동식 계단 일 경우에는 그러하지 아니하다
(3) 높이가 (⑤)m를 초과하는 계단에는 높이 3m 이내마다 너비 (⑥)m 이상의 계단참을 설치하여야 한다.

1) ① 500kg
  ② 4
2) ③ 1m
  ④ 1m
3) ⑤ 3m
  ⑥ 1.2m

079 | 건설·안전난간

작업자가 계단을 올라가고 있으며, 안전 난간을 확대하여 보여준다.

1) 다음에 맞는 규격 채우기
   - 상부난간대 : 바닥면·발판 또는 경사로의 표면으로부터 (①) 이상
   - 발끝막이판 : 바닥면 등으로부터 (②) 이상
   - 난간대: 지름 (③) 이상 금속제 파이프

1) ① 90cm 이상
   ② 10cm 이상
   ③ 2.7cm 이상

080 | 건설·철길철로

작업자 A와 B는 철길(로)에서 점검 작업을 하고 있다. 서로 잡담을 나누던 중 기차가 접근하는 것을 인지하지 못하여 사고가 발생하였다.

1) 안전대책 4가지

1) ① 사전 교육 실시
   ② 작업장 주변 정리 정돈
   ③ 감시인 배치
   ④ 작업 중 잡담 금지

작업

081-084
프레스

081 | 기계기구·프레스

작업자 A가 프레스 작업을 하고 있다. 작업하던 도중 이물질이 프레스 금형에 생겨 제거하려고 한다.

1) 급정지 기구를 부착해야 하는 프레스의 방호장치 2가지
2) 급정지 기구를 부착하지 않는 프레스의 방호장치 4가지
3) 작업 시작 전 점검 사항 4가지

1) ① 양수조작식 방호장치
   ② 감응식 방호장치

2) ① 양수기동식 방호장치
   ② 손쳐내기식 방호장치
   ③ 수인식 방호장치
   ④ 게이트가드식 방호장치

3) ① 클러치 및 브레이크의 기능
   ② 프레스의 금형 및 고정 볼트 상태
   ③ 방호 장치의 기능
   ④ 전단기의 칼날 및 테이블의 상태

082 | 기계기구·프레스

작업자 A가 프레스 작업을 하고 있다. 작업하던 도중 이물질이 프레스 금형에 생겨 제거하려고 한다. 그 순간, 작업자 A는 페달을 실수로 밟아서 손을 다치는 장면을 보여주고 있다.

1) 조치사항 3가지
2) 위험요인 3가지
3) 페달 방호장치
4) 위험 예지포인트 4가지

1) ① 전원 차단 후 이물질 제거
　② 이물질은 수공구 사용하여 제거
　③ 프레스 일시 정지 시 U자형 덮개 씌울 것
2) ① 전원 차단하지 않고 이물질 제거
　② 수공구를 사용하지 않고 제거
　③ 프레스 일시 정지 시 U자형 덮개 씌우지 않음
3) ① U자형 덮개
4) ① 주변 정리정돈 불량으로 작업장 주변 기계에 부딪칠 수 있다.
　② 보안경 미착용으로 이물질이 눈에 들어가 다칠 수 있다.
　③ 금형에 붙어있는 이물질을 손으로 제거하려다 손을 다친다.
　④ 작업자 실수로 페달을 밟아 손을 다칠 수 있다.

083 | 기계기구·프레스

1) 프레스 금형 설치 또는 교체할 때 점검 사항 작성 5가지

1) ① 다이와 볼스터의 평행도
　② 다이홀더와 펀치의 직각도
　③ 펀치와 다이의 평행도
　④ 펀치와 볼스터의 평행도
　⑤ 생크홀과 펀치의 직각도

084 | 기계기구·프레스

작업자 A는 프레스 작업을 진행 하고 있다.

1) 금형 프레스기에 발로 작동하는 조작 장치에 설치하여야 하는 방호장치
2) 프레스의 상사점에 있어, 상형과 하형과의 간격, 가이드 포스트와 부쉬의 간격 틈새는 얼마 이하 이어야 하는가?

1) U자형 페달 덮개
2) 8mm 이하

085 | 기계기구·프레스

"A-1" 장치를 보여주고 있다.

1) 방호장치명
2) 방호장치 기능

1) ① 광전자식 방호장치
2) ① 투광부, 수광부, 컨트롤 부분으로 구성된 것으로서 신체의 일부가 광선을 차단하면서 기계를 급정지 시키는 방호장치

> 참고

종류	분류
광전자식	A-1
	A-2
양수조작식	B-1(유/공압밸브식)
	B-2(전기버튼식)
가드식	C
손쳐내기식	D
수인식	E

086 | 기계기구·카렌더기

작업자가 프레스 금형교체 작업을 하던 중 금형이 발에 떨어지는 사고가 발생하였다.

1) 가해물 작성

2) 조정/해체 조립과정에서 신체가 위험 구역내에 있을 때 슬라이드가 내려가서 생기는 위험을 방지하기 위한 안전장치 명칭 작성

1) 금형
2) 안전블록

작업

087 | 기계기구·카렌더기

보호구를 착용하지 않은 작업자가 전원이 켜져 있는 카렌더기를 청소하던 도중 감전 사고를 당하는 장면을 보여준다.

1) 재해원인 2가지 작성

1) ① 절연 보호구 미착용
   ② 정전작업 미실시

088 | 기계기구·에어건

캡모자를 착용한 작업자가 먼지가 많은 작업대 주변을 에어건으로 청소하다가 눈을 감싸 아파하는 모습을 보여준다.

1) 작업 시, 필요한 보호구 3가지 작성

1) ① 안전모
   ② 안전화
   ③ 보안경
   ④ 방진마스크

089 | 기계기구·무채 슬라이스

김치제조 공장에서 작업자가 무채를 썰어내는 슬라이스 기계를 사용하다가 기계가 갑자기 멈추자, 작업자가 기계를 점검하던 중, 슬라이스 기계가 갑자기 작동하여 작업자의 손가락이 절단되는 사고가 발생함

1) 위험점 명칭 작성
2) 위험점 정의 작성

1) ① 절단점

2) ① 회전하는 운동부 자체 및 운동하는 기계 부분 자체의 위험점

작업

090-091
연삭기

090 | 기계기구·연삭기

작업자 A는 아무런 보호장비를 착용하지 않은 채, 탁상용 연삭기로 작업을 하고 있다. 작업하던 도중에 칩이 눈에 튀어서 비산물이 눈에 맞는 사고가 발생하였다.

1) 기인물
2) 방호장치명
3) 각도
4) 위험요인 3가지

1) ① 탁상용 연삭기
2) ① 칩 비산방지판
3) ① 15° ~ 30°
4) ① 연삭기 덮개 미설치
　② 워크레스트 미설치
　③ 보안경 미착용

091 | 기계기구·연삭기

작업자가 연마작업을 하고 있다.

1) 착용해야 하는 보호구 4가지

1) ① 보안경
　② 방진마스크
　③ 귀마개
　④ 안전모
　⑤ 안전화

092 | 기계기구·연삭기

작업자 A는 휴대용 연삭기로 작업하고 있는 장면을 보여주고 있다.

1) 방호장치명
2) 방호장치 각도

1) ① 덮개

2) ① 덮개 설치각도의 경우 : 180° 이상

작업

093 | 기계기구·연삭기

작업자 A는 장갑 착용하지 않고, 방진마스크는 착용하지 않은채 휴대용 연삭기로 작업하고 있는 장면을 보여주고 있다. 바닥에는 물이 고여 있으며, 이동전선은 바닥에 방치되어 있는 상태이다.

1) 위험요인 2가지
2) 안전대책 2가지

1) ① 절연용 보호구 미착용
   ② 누전차단기 미설치

2) ① 절연용 보호구 착용
   ② 누전차단기 설치

094 | 기계기구·석재연삭기

> 바닥에 물이 고여 있는 게 보이고, 글라인더 케이블이 물에 담겨져 있다.
> 석공 글라인더를 들고 측면으로 대리석을 갈고 있으며 작업자의 손이 확대 되어 면장갑이 보이고, 방진마스크도 착용하고 있지 않다. 2인1조로 작업을 하고 있으며, 한명은 대리석을 연삭 중이고, 다른 한명은 옆에서 대리석을 잡고 보조 해주고 있다.

1) 작업자의 불안전한 행동 및 상태 3가지 작성

1)　① 절연 장갑(절연용 보호구) 미착용
　　② 보안경 미착용(비산 날림)
　　③ 방진마스크 미착용

작업

095-096
중량물

095 | 기계기구·중량물취급

1) 중량물 취급작업 시 고려하여야 할 사항에 대한 빈칸 작성

① 사업주는 근로자가 취급하는 물품의 (①), (②), (③), (④) 등 인체에 부담을 주는 작업의 조건에 따라 작업시간과 휴식시간 등을 적정하게 배분하여야 한다.

1) ① 중량
② 취급빈도
③ 운반속도
④ 운반거리

096 | 기계기구·중량물취급

1) 작업계획서의 제출할 내용 4가지

1) ① 추락위험을 예방할 수 있는 안전대책
② 낙하위험을 예방할 수 있는 안전대책
③ 전도위험을 예방할 수 있는 안전대책
④ 협착위험을 예방할 수 있는 안전대책
⑤ 붕괴위험을 예방할 수 있는 안전대책

097 | 기계기구·버스샤프트

작업자 A는 버스 정비를 위해 샤프트 계통 점검 중에, 작업자 A의 팔이 회전하는 샤프트에 말려 들어가 재해가 발생하였다.

1) 위험점
2) 재해원인 3가지
3) 사전 안전 조치사항 3가지

1) ① 회전말림점

2) ① "정비 중" 작업 표지판을 설치하지 않음
   ② 작업지휘자를 배치하지 않음
   ③ 기동장치에 잠금장치 하지 않고 열쇠를 별도 관리하지 않음
   ④ 안전블록 또는 안전지지대를 설치하지 않음

3) ① "정비 중" 작업 표지판 설치할 것
   ② 작업지휘자를 배치할 것
   ③ 기동장치에 잠금장치 한 후, 열쇠를 별도 관리할 것
   ④ 안전블록 또는 안전지지대를 설치할 것

작업

098 | 기계기구·브레이크라이닝

작업자 A는 면마스크만 착용한 채, 아무런 보호구 없이 브레이크 라이닝 세척 작업을 하고 있다.

1) 작업 시 착용하여야 할 보호구 5가지

11) ① 불침투성 보호장갑
   ② 불침투성 보호복
   ③ 불침투성 보호장화
   ④ 보안경
   ⑤ 방독마스크

099 | 기계기구·브레이크라이닝

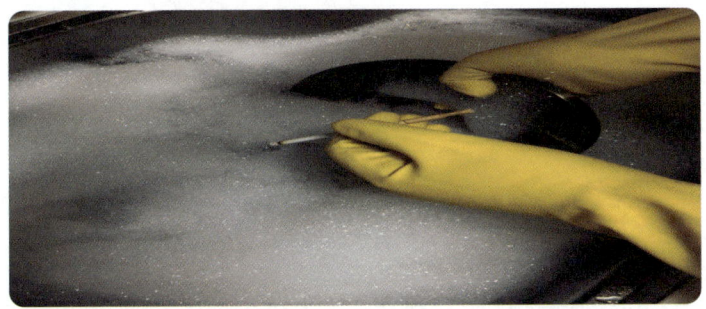

작업자 A는 고무장갑과 운동화를 착용한 상태로 흡연을 하면서, 자동차 라이닝 세척 작업 중이다.

1) 재해유형 2가지
2) 위험예지훈련 2가지

1) ① 폭발
   ② 화재
2) ① 작업 중 흡연 금지
   ② 세척 작업 전 불투침성 보호장갑·불침투성 보호장화 착용

100-101 브레이크 라이닝

100 | 기계기구·브레이크라이닝

작업자 A는 장갑을 착용한 채 브레이크 라이닝 연마 작업을 하고 있다. 작업 중, 장갑이 말려 들어가는 재해가 발생하였다.

1) 위험요인 2가지
2) 안전대책 2가지

1) ① 작업 시 장갑을 착용하고 있음
   ② 비상정지장치 등 방호장치 미설치

2) ① 작업 시 장갑을 착용하지 않는다.
   ② 비상정지장치 등 방호장치 설치

101 | 기계기구·브레이크라이닝

작업자 A는 브레이크 라이닝 패드를 제작 작업을 하고 있다. 작업하는 주변에는 석면이 흩날리고 있는데도, 어떤 보호구도 착용하지 않고 있다.

1) 착용하여야 하는 보호구 4가지
2) 안전수칙 5가지

1) ① (특급)방진마스크 착용
   ② 불침투성 보호장갑
   ③ 불침투성 보호장화
   ④ 불침투성 보호복

2) ① 국소배기장치 설치
   ② 다른작업장소와 격리
   ③ 석면을 사용하는 설비는 밀폐된 장소에 설치할 것
   ④ 석면가루가 흩날리지 않도록 습기 유지할 것
   ⑤ (특급)방진마스크를 착용할 것

작업

102-103
드릴

102 | 기계기구·드릴

작업자 A는 장갑을 착용한 채 드릴 작업을 하고 있다. 드릴은 고정하지 않아 흔들거리고 있다. 보안경과 방진마스크를 착용하지 않았으며, 손으로 가공물을 잡는 순간 장갑이 끼이는 사고가 발생하였다.

1) 위험요인 2가지
2) 안전대책 2가지

1) ① 가공물을 손으로 잡고 있음.
   ② 보안경과 방진마스크 미착용으로 눈을 다칠 위험이 있고, 방진마스크 미착용으로 인한 호흡기 질환 우려가 있음
   ③ 드릴은 바닥에 견고하게 고정하지 않음

2) ① 가공물을 바이스로 고정할 것
   ② 보안경, 방진마스크 착용할 것
   ③ 드릴을 바닥에 견고하게 고정할 것

103 | 기계기구·드릴

작업자 A는 안전모, 보안경, 장갑을 착용하지 않은 채 방호장치가 없는 드릴을 이용하여 구멍 뚫는 작업을 하고 있다. 이어서, 작업자 A가 손으로는 가공물을 잡고 있는 장면을 보여주고 있다.

1) 위험요인 5가지

1) ① 드릴 고정하지 않음
   ② 방호 덮개 미설치
   ③ 가공물을 맨손으로 잡고 있음
   ④ 안전모 미착용
   ⑤ 보안경 미착용

104-105
롤러기

104 | 기계기구·롤러기

작업자 A는 전원을 차단하지 않은 채 회전하는 롤러기를 청소하던 중, 손이 말려 들어가는 장면을 보여주고 있다.

1) 위험점
2) 위험점 정의
3) 위험요인 3가지
4) 안전대책 4가지

1) ① 물림점
2) ① 회전하는 두 개의 회전체에 물려 들어가는 위험점
3) ① 전원 차단하지 않은 상태에서 청소하고 있음
   ② 롤러기 인터록 미설치
   ③ 롤러의 물림점 가드 미설치
4) ① 전원 차단한 후 청소 실시
   ② 롤러기 인터록 설치
   ③ 롤러의 물림점 가드 설치

105 | 기계기구·롤러기

1) 롤러기 방호장치명
2) 롤러기 방호장치 종류 별 설치위치

1) ① 급정지장치
2)

종류	위치
손조작식	밑면에서 1.8m 이내
복부조작식	밑면에서 0.8m 이상 1.1m 이내
무릎조작식	밑면에서 0.4m 이상 0.6m 이내

106 | 기계기구·롤러기

작업자 A는 보호구를 착용하지 않은 상태로 롤러기를 청소하던 도중 감전사고를 당하였다.

1) 재해원인 2가지

1) ① 절연 보호구 미착용
   ② 정전작업 미실시

107 | 기계기구·양수기

작업자 A와 B는 전원이 켜진 채 양수기를 수리하고 있으며, 서로 잡담을 하면서 수공구는 던져주는 장면을 보여주고 있다.

1) 위험요인 3가지

1) ① 전원을 차단하지 않은 채 작업하여 다칠 위험이 있음
   ② 수공구를 던져주다가 양수기에 말려 들어갈 위험이 있음
   ③ 작업자들이 작업에 집중하지 않아 다칠 위험이 있음

**108-114
컨베이어**

108 | 기계기구·컨베이어

작업자 A는 전원을 차단하지 않은 컨베이어 벨트 쪽에서 작업발판 없이 형광등을 교체하다 추락하는 장면을 보여주고 있다.

1) 작업자의 불안전한 행동 2가지

1) ① 작업발판 사용하지 않고, 컨베이어 벨트 부분 위에 올라서서 형광등을 교체함
   ② 컨베이어 벨트 전원을 차단하지 않음

109 | 기계기구·컨베이어

작업자 A는 야간에 헤드랜턴을 켠 채 전원이 꺼지지 않은 컨베이어 벨트를 보지 못한 채 지나가다 소매가 말려들어가는 사고가 발생한다.

1) 기인물
2) 가해물
3) 안전대책 4가지

1) ① 컨베이어
2) ① 컨베이어 벨트
3) ① 전원 차단한 후 점검 실시
   ② 컨베이어 비상정지장치 설치
   ③ 컨베이어 작업장 조명 점등
   ④ 작업자 안전교육 실시

110 | 기계기구·컨베이어

작업자 A는 컨베이어의 모터에 묻은 이물질을 제거하던 중 컨베이어의 틈새에 소매가 말려들어가 손이 끼이는 재해가 발생하였다.

1) 위험점
2) 재해 발생형태
3) 재해 발생형태 정의

1) ① 끼임점
2) ① 끼임
3) ① 기계 설비에 끼이거나 감김

111 | 기계기구·컨베이어

작업자 A는 작동 중인 컨베이어에 포대를 올리는 작업을 하고 있다. 작업자 A는 컨베이어 벨트 양쪽 대에 올라서서 포대를 받아서 작업하다가, 작업자 B가 포대를 잘못 던지는 바람에 작업자 A가 포대에 맞아 중심을 잃어 넘어지면서 팔이 컨베이어 벨트에 끼이는 사고가 발생하였다.

1) 문제점 3가지
2) 안전대책 3가지
3) 사고 시 조치사항

1) ① 작업발판 미사용
   ② 위험한 구역에서 작업
   ③ 비상정지장치가 작동하지 않음

2) ① 안전한 작업발판 사용
   ② 기계 전원 차단
   ③ 작업 전 비상정지장치 점검

3) ① 비상정지장치를 조작해서 컨베이어 운전을 정지시킨 후 부상자를 응급조치 하도록 한다.

112 | 기계기구·컨베이어

작업자 A는 컨베이어에서 작업하고 있다.

1) 작업시작 전 점검사항 4가지

1) ① 원동기 · 회전축 · 기어 및 풀리 등의 덮개 또는 울 등의 이상 유무
   ② 이탈 등의 방지장치 기능의 이상 유무
   ③ 비상정지장치 기능의 이상 유무
   ④ 원동기 및 풀리 기능의 이상 유무

113 | 기계기구·컨베이어

안전모를 미착용한 작업자 A는 작업발판이 없는 컨베이어 위에서 작업하고 있다. 컨베이어는 작동하고 있으며, 파지를 고르는 작업을 하고 있다. 파지를 옮기는 기계는 작업자들의 머리 위를 지나가고 있다.

1) 위험요인 3가지

1) ① 안전모 미착용
   ② 작업자 머리 위로 하물 운반
   ③ 작업발판 없이 컨베이어 위에서 작업

114 | 기계기구·컨베이어

작업자 A는 포대를 컨베이어 벨트에 올리는 작업을 하고 있다.
포대가 정상적으로 놓여있지 않은 상태로 올라가던 중, 위쪽에서 작업하던 작업자B의 발에 부딪혀 넘어지며, 오른쪽 팔이 기계 하단으로 말려 들어가는 재해가 발생한다.

1) 안전장치 5가지 작성

1) ① 비상정지장치
   ② 덮개
   ③ 울
   ④ 건널다리
   ⑤ 이탈방지장치

작업

115 | 기계기구 · 사포(샌드페이퍼)

작업자가 캡 모자를 쓰고 있으며, 보안경도 착용하지 않고, 면장갑을 착용한 상태에서 작업자가 선반 작업 중이다.
작업자는 회전축에 샌드페이퍼를 감아 손으로 지지하여 작업을 하다가, 작업자의 옷소매와 장갑이 말려들어간다.

1) 위험점
2) 해당 위험점의 정의
3) 위험요인 3가지

1) 회전말림점
2) 회전체에 작업복 등이 말려 들어가는 위험점
3) ① 샌드페이퍼를 손으로 지지하여 말려 들어갈 위험이 있음
   ② 면장갑을 착용하여 말려 들어갈 위험 있음
   ③ 회전부에 덮개 및 울이 설치 되지 않아 말려 들어갈 위험

116-117
섬유기계

116 | 기계기구·**섬유기계**

섬유공장에서 실을 감는 섬유기계가 작동 중이고, 장갑을 착용한 작업자가 아래에서 일을 하고 있습니다. 갑작스럽게 실이 끊어지며 기계가 멈췄고, 작업자는 회전하는 대형 회전체의 문을 열고 허리 안쪽까지 점검하던 도중 기계가 갑자기 다시 돌아가 작업자의 손과 몸이 회전체에 끼이는 사고가 발생하는 장면을 보여준다.

1) 핵심위험요인 2가지 작성

1) ① 기계 정비 시, 정지를 시키지 않고 점검하여, 재해 위험
   ② 기계의 기동장치에 잠금장치를 하고, 그 열쇠를 별도 관리하거나, 표지판을 설치하는 등 방호조치를 하지 않아, 재해 위험

117 | 기계기구·**섬유기계**

섬유공장에서 작업자 A는 면장갑을 착용한 채 기계를 점검하다, 먼지가 피부에 묻어 손으로 닦아내고 있다.

1) 착용하여야 할 보호구 4가지

1) ① 방진마스크
   ② 보안경
   ③ 안전모
   ④ 귀마개

작업

118 | 기계기구·영상표시단말기

작업자 A는 의자에 착석해 컴퓨터를 보고 있다. 작업자 A의 의자 높이가 맞지 않아, 다리를 구부리고 앉아 있다. 모니터를 최대한 가까이서 바라보고 있으며, 키보드는 높은 위치에 놓여있는 장면을 보여주고 있다.

1) 올바르지 못한 자세 3가지
2) 올바른 자세 3가지
3) 컴퓨터 작업을하면서 얻게되는 장해 3가지

1) ① 키보드는 조작하기 불편한 위치에 있음.
   ② 의자에 불편한 자세로 앉아 있음.
   ③ 모니터를 보기 불편한 위치에 있음.

2) ① 키보드는 조작하기 편한 위치에 놓는다.
   ② 의자는 등받이 깊숙이 앉아야 한다.
   ③ 모니터 위치는 보기 편하게 조정해야 한다.

3) ① 어깨 통증
   ② 허리 통증
   ③ 눈의 피로

119-120
컴퓨터작업

119 | 기계기구·컴퓨터작업

작업자 A는 등이굽은 상태로 타이핑 작업을 하고 있다.

1) 반복적인 동작, 부적절한 작업자세, 무리한 힘의 사용, 날카로운면과 신체접촉, 진동 및 온도등의 요인에 의하여 발생하는 건강장해로써, 목, 어깨 등에 나타나는 질환의 명칭
2) 근로자가 컴퓨터 단말기의 조작업무를 하는 경우에 사업주의 조치 사항 4가지

1) ① 근골격계 질환

2) ① 실내는 명암의 차이가 심하지 않도록 하고, 직사광선이 들어오지 않는 구조로 할 것
② 컴퓨터 단말기와 키보드를 설치하는 책상과 의자는 작업에 종사하는 근로자에 따라 그 높낮이를 조절할 수 있는 구조로 할 것
③ 연속적으로 컴퓨터 단말기 작업에 종사하는 근로자에 대하여, 작업시간 중에 적절한 휴식 시간을 부여 할 것
④ 저휘도형의 조명기구를 사용하고 창·벽면 등은 반사되지 않는 재질을 사용할 것

120 | 기계기구·컴퓨터작업

작업자 A는 등이굽은 상태로 타이핑 작업을 하고 있다.

1) 영상과 같은 근골격계부담작업 시, 유해요인 조사 항목 2가지
2) 신설일로부터 얼마 기간 이내에 최초의 유해요인 조사를 하여야 하는지 작성

1) ① 설비·작업공정·작업량·작업속도 등 작업장 상황
② 작업시간·작업자세·작업방법 등 작업조건
③ 작업과 관련된 근골격계질환 징후와 증상 유무

2) ① 1년이내

작업

121-122
둥근톱·동력식 수동대패기

> 참고

자율안전확인대상	방호조치 자율안전고시	산업안전보건기준에 관한 규칙 제 4절 목제가공용 기계 편
목재가공용 둥근톱 1. 반발 예방장치 2. 날 접촉 예방장치	목재 가공용 둥근톱 1. 날 접촉 예방장치 2. 덮개 3. 반발 예방장치 4. 분할날	목재가공용 둥근톱 기계 1. 반발 예방장치 2. 톱날 접촉 예방장치
동력식 수동대패용 1. 칼날 접촉방지장치	동력식 수동대패기 (기) 1. 칼날 접촉방지장치 2. 덮개	동력 수동개패기계 (기) 1. 날 접촉 예방장치

121 | 기계기구·동력식 수동대패기

작업자 A는 동력식 수동대패기로 작업하고 있는 장면을 보여주고 있다.

1) 방호장치명
2) 방호장치 설치 종류 2가지

1) ① 칼날 접촉방지장치
　② 덮개
2) ① 고정식 덮개
　② 가동식 덮개

122-126
둥근톱

122 | 기계기구·둥근톱

작업자 A는 작업자 B와 잡담을 하며, 둥근 톱으로 목재를 절단하려다 손이 절단되는 장면을 보여주고 있다. 방호장치는 설치되지 않은 장면을 보여주고 있다.

1) 위험요인 2가지
2) 방호장치 2가지

1) ① 방호장치 미설치
   ② 작업자와 잡담하여 집중하지 않음

2) ① 날접촉예방장치
   ② 덮개

작업

123 | 기계기구·둥근톱

방호장치가 설치되지 않은 목재가공용 둥근톱을 이용하여 물을 뿌리는 작업을 면장갑을 착용한 작업자가 하고 있으며, 작업자는 보호구를 착용하지 않은 상태에서 그 손으로 벽면에 부착된 기계의 전원스위치를 만지고, 레일의 상단을 왔다 갔다 하여 기계가 갑자기 작동하여, 톱날을 돌리던 작업자는 손을 다치는 장면을 보여 주고 있다.

1) 불안전한 행동 5가지
2) 안전대책 4가지

1) ① 장갑착용
　② 방진마스크 미착용
　③ 보안경 미착용
　④ 전원을 차단 하지 않고, 점검 진행
　⑤ 날접촉예방장치 미설치

2) ① 장갑착용 금지
　② 방진마스크 착용
　③ 보안경 착용
　④ 전원을 차단 한 후, 점검 진행
　⑤ 날접촉예방장치 설치

124 | 기계기구·둥근톱

보안경을 착용하지 않은 작업자가 띠톱 작업 중 자재를 꺼내려고 고개를 숙이다가, 톱날에 장갑이 걸려 들어가는 사고가 발생함

1) 작업자의 복장 위험요인 1가지 작성
2) 작업자의 행동 위험요인 2가지 작성

1) ① 보안경 미착용
2) ① 청소 시 전원 미차단
　② 청소 시 전용 공구 미 사용 (장갑 낀 손으로만 청소 진행)

125 | 기계기구·둥근톱

둥근톱을 이용하여, 나무판자 자르는 작업 중, 작업에 집중하지 않아, 손가락이 절단되는 장면이 보이고, 둥근톱에는 덮개가 없고, 재해자는 보안경 및 방진마스크를 미착용한 장면을 보여준다.

1) 둥근톱 기계에 고정식 접촉예방장치 설치 시, 가공재의 상면에서 덮개 하단까지의 최대간격 작성
2) 둥근톱 기계에 고정식 접촉예방장치 설치 시, 덮개의 하단과 테이블면 사이의 최대간격 작성

1) ① 8mm
2) ① 25mm

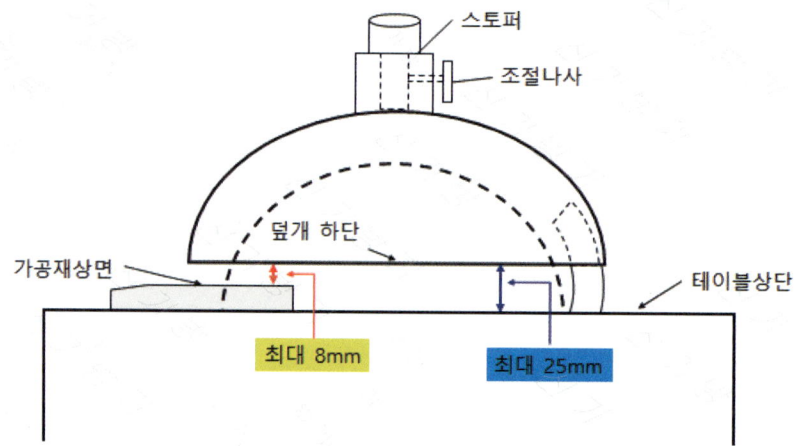

신기방기 꿀팁!
최대간격이라는 단어가 없으면 **8mm이하(이내), 25mm이하(이내)**로 작성하세요!

126 | 기계기구·둥근톱

작업자 A는 일반 모자를 착용하고, 다른 보호구는 착용하지 않은 채로 개폐기함에 가서 전원을 올리고 기계 및 주변을 에어건으로 청소하고 있다. 바닥에 엎드린 채 기계 밑에 있는 먼지를 청소하다가 먼지가 눈에 들어가, 눈을 질끈 감고 있다.

1) 착용하여야 할 보호구 4가지

1) ① 보안경
   ② 방진마스크
   ③ 안전모
   ④ 안전화

작업

127-128
사출성형기

127 | 기계기구·사출성형기

> 작업자 A는 사출성형기를 점검하기 위하여 기계의 작동을 멈추고, 사출성형기에 감겨있는 이물질을 제거하려다 감전으로 쓰러지는 재해가 발생하였다.

1) 위험요인 4가지
2) 안전대책 4가지

1) ① 전원을 차단하지 않고 이물질 제거
   ② 수공구를 사용하지 않고 이물질 제거
   ③ 절연보호구 미착용
   ④ (덮개를 열어 작업하였을 경우) 인터록 장치 미설치

2) ① 전원을 차단한 후 이물질 제거
   ② 수공구를 사용하여 이물질 제거
   ③ 절연보호구 착용
   ④ (덮개를 열어 작업하였을 경우) 인터록 장치 설치

128 | 기계기구·사출성형기

> 안전모와 장갑을 착용한 작업자가 사출성형기 작업 후 개방하여 잔류물을 정리하려고 금형의 볼트를 손으로 빼려다가 잘 안되는 것 같아 제어판을 손으로 두드리고 있다. 그러던 중에 다시 볼트를 빼려고 하지만 손이 눌리는 모습을 보여준다.

1) 재해발생 형태
2) 기인물

1) 끼임
2) 사출성형기

129-130
선반

129 | 기계기구·선반

작업자 A는 선반 점검을 하고 있다. 전원이 켜진 채로 회전부의 덮개를 열어 점검하던 중 갑자기 작동되는 바람에 작업자 A의 손가락이 끼이는 재해가 발생하였다.

1) 방호장치

1) 인터록(Inter Lock) 장치

130 | 기계기구·선반

작업자는 칩 브레이커가 설치되지 않아, 칩이 끊어지지 않고 길게 나오고 있는 상황을 집중해서 지켜보고 있다. 장갑을 착용하지 않은 채로 장비 조작부에 손을 올려놓은 채, 선반에서 칩이 나오는 모습을 지켜보고 있다. 선반에는 "비산 주의" 표지판이 부착되어 있지만, 작업자의 안전장비 착용 여부는 확인되지 않고 있다.

1) 근로자에게 발생 할 수 있는 내재 된 위험요인 3가지 작성

1) ① 선반의 회전축에 작업자가 말려들어갈 위험
   ② 선반의 가공물이 작업자를 칠 위험
   ③ 선반 가공시 생기는 칩이 작업자에게 날아올 위험

작업

131 | 기계기구·원심기

작업자 A는 보안경을 착용하지 않고, 목장갑을 착용한 상태로 덮개가 설치되지 않은 상태로 작동되고 있는 원심기를 수리하고 있다.

1) 재해유발요인 4가지

1) ① 덮개 미설치
   ② 보안경 미착용
   ③ 기계의 전원 차단하지 않고 점검
   ④ 회전기계에 목장갑 사용

132 | 기계기구·특수화학설비

1) 특수화학설비 내부의 이상상태를 조기에 파악하기 위해 설치해야 할 방호장치 작성
2) 특수화학설비 내부의 이상상태를 조기에 파악하기 위해 설치해야 할 계측장치 작성

1) ① 계측장치 (온도계, 압력계, 유량계)
   ② 자동경보장치
   ③ 긴급차단장치

2) ① 온도계
   ② 압력계
   ③ 유량계

133 | 기계기구·특수화학설비

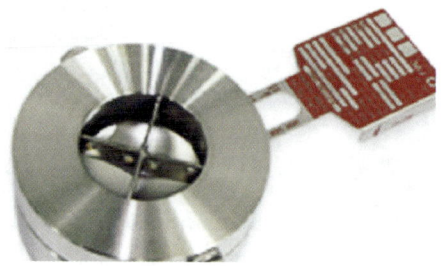

화학 설비를 보여주고 있다.

1) 장치명
2) 설치하여야 하는 경우 2가지

1) ① 파열판
2) ① 반응 폭주 등 급격한 압력 상승 우려가 있는 경우
   ② 급성 독성물질의 누출로 인하여 주위의 작업환경을 오염시킬 우려가 있는 경우
   ③ 운전 중 안전밸브에 이상 물질이 누적되어 안전밸브가 작동되지 아니할 우려가 있는 경우

134 | 기계기구·스팀배관

작업자 A는 스팀 배관의 보수를 위해 누출 부위를 점검하던 중, 작업자 A 근처에 스팀이 빠져나오면서 화상을 입게 된다.

1) 사고형태   2) 위험요인 3가지

1) ① 이상온도 노출·접촉

2) ① 보안경 미착용
   ② 방열장갑, 방열복 미착용
   ③ 배관 내 잔압을 제거하지 않고 점검

작업

135 | 기계기구·보온재배관

배관에 설치된 보온재 커버가 벗겨지고 보온재 가루가 흘러내리며, 작업자가 배관 작업을 이어 가던 중, 하얀 증기가 새어나온다.

1) 해당 작업에서의 재해명칭 작성

1) ① 이상온도 노출·접촉

136 | 기계기구·공기압축실

작업자 A와 B는 공기압축실에 들어가 시설을 점검하고 있다.

1) 점검사항 6가지

1) ① 윤활유의 상태
   ② 회전부의 덮개 또는 울
   ③ 압력방출장치의 기능
   ④ 공기저장 압력용기의 외관상태
   ⑤ 드레인 밸브의 조작 및 배수
   ⑥ 언로드밸브의 기능

작업

137 | 기계기구·보일러

1) 빈칸 작성
 사업주는 보일러의 안전한 가동을 위하여 규격에 맞는 압력방출장치를 1개 또는 2개 이상 설치하고 (①) 이하에서 1개가 작동되고, 다른 압력방출장치는 (①) 의 (②) 이하에서 작동되도록 부착하여야 한다.

1) ① 최고사용압력
   ② 1.05배

138 | 기계기구·플레어스택

플레어 시스템의 전체적인 설비의 모습을 보여주고 있다.

1) 설치 목적
2) 설비의 명칭

1) 안전밸브 등에서 배출되는 위험물질을 안전하게 연소 처리 하기위함
2) 플레어스택

139-140
산업용로봇

139 | 기계기구·산업용로봇

산업용 로봇이 작동하고 있다. 작업자가 울타리 문을 열고, 화면이 확대되며, 산업용 로봇 아래에 있는 검정색 매트를 밟는모습을 보여준다.

1) 작동원리 작성
2) 안전인증 외 표시 외 추가로 표시하여야 할 사항 4가지 작성

1) 유효감지영역 내의 임의의 위치에 일정한 정도 이상의 압력 주어졌을 때 이를 감지하여, 신호를 발생시킴

2) ① 작동하중
   ② 감응시간
   ③ 복귀신호의 자동 또는 수동 여부
   ④ 대소인공용 여부

140 | 기계기구·산업용로봇

산업용 로봇이 작동하고 있는 모습을 보여준다.

1) 컨베이어 시스템의 설치 등으로 높이 1.8m 이상의 울타리를 설치할 수 없는 일부 구간에 대해 설치 하여야 하는 방호장치 2가지 작성

1) ① 안전매트
   ② 광전자식 방호장치

작업

141 | 기계기구·방호장치

1) 기계·기구 명칭
2) 각 기계·기구의 방호장치 명

명칭	기계·기구
①	
②	
③	 

1) ① 휴대용연삭기
   ② 선반
   ③ 컨베이어

2) ① 덮개
   ② 덮개, 울, 가드
   ③ 덮개, 울, 비상정지장치, 건널다리

142-143
후드덕트

142 | 기계기구·후드덕트

1) 국소배기장치의 후드 설치기준 3가지 작성

1) ① 유해물질이 발생하는 곳마다 설치 할 것
② 후드 형식은 가능하면 포위식 또는 부스식 후드를 설치 할 것
③ 외부식 또는 리시버식 후드는 해당 분진 등의 발산원에 가장 가까운 위치에 설치 할 것
④ 유해인자의 발생 형태와 비중, 작업방법 등을 고려하여 해당 분진 등의 발산원을 제어할 수 있는 구조로 설치 할 것

143 | 기계기구·후드덕트

1) 분진 등을 배출하기 위하여 설치하는 국소배기장치(이동식은 제외한다)의 덕트의 설치기준 3가지 작성

1) ① 가능하면 길이는 짧게 하고 굴곡부의 수는 적게 할 것
② 청소구를 설치하는 등 청소하기 쉬운 구조로 할 것
③ 덕트 내부에 오염물질이 쌓이지 않도록 이송속도를 유지할 것
④ 연결 부위 등은 외부 공기가 들어오지 않도록 할 것
⑤ 접속부의 안쪽은 돌출된 부분이 없도록 할 것

144-146 배전반

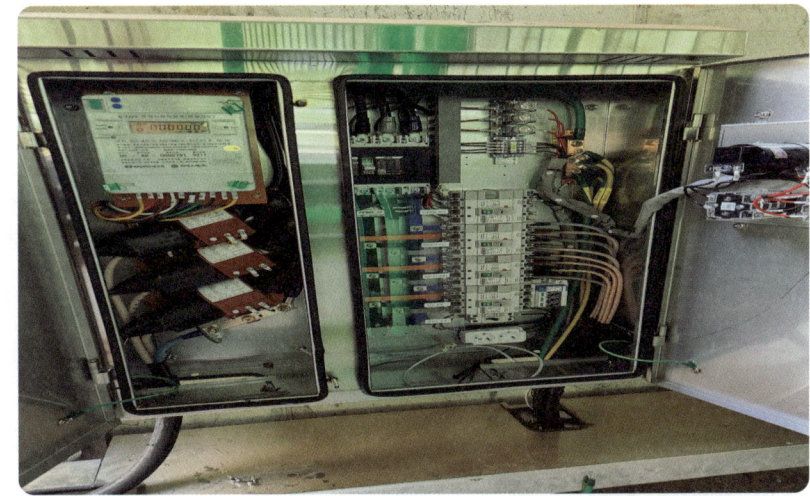

144 | 전기·배전반

배전반 콘센트 전원 측에 물이 뚝뚝 흐르는 것을 보여주고 있다. 작업자 A는 전원부를 차단하려는 찰나에 갑자기 쓰러졌다.

1) 재해형태와 정의
2) 가해물

1) 감전
   외부에서 인가된 전원에 의해 인체 안으로 전류가 통과되는 것

2) (배전반 접촉) 배전반
   (배전반과 떨어진 경우) 전류

145 | 전기·배전반

작업자 A는 장갑을 착용하지 않은 채 배전반 문을 열고 작업하고 있다. 차단기는 켜져 있는 상태를 보여주고 있고, 작업하는 도중 작업자 A씨는 쓰러졌다.

1) 잔류전하에 의한 감전 사고 재해 예방조치 3가지

1) ① 정전작업 실시
   ② 절연보호구 착용
   ③ 관리감독자는 작업에 대한 안전교육 시행

146 | 전기·배전반

작업자가 드라이버로 임시배전반을 맨손으로 확인하는 도중, 다른 작업자가 컨트롤 박스의 문을 닫아 손이 끼어들어 감전 사고가 발생했다.

1) 위험요인 2가지

1) ① 절연용 보호구 착용하지 않음
   ② 배전반 문 잠금장치와 통전금지 표찰 설치하지 않음

147 | 전기·컨트롤 패널

승강기 컨트롤 패널 작업 중인 작업자 A가 절연 보호구를 착용하지 않은 채로 개폐기 문을 열어 전원을 차단한다.
그때, 다른 패널에서 작업 중인 작업자 B가 전선을 만지자마자 쓰러지며 의식을 잃었다.

1) 재해 형태
2) 재해 원인 2가지
3) 가해물 2가지(영상에 따라 달라짐)
4) 감전 방지대책 4가지

1) 감전
2) ① 절연 보호구 착용하지 않음
   ② 전원을 차단하지 않음
3) ① (컨트롤 패널과 접촉할 경우) 컨트롤 패널
   ② (전선을 만졌을 경우) 전선
4) ① 전원 차단 및 안전 로킹
   ② 절연용 보호구 착용
   ③ 작업 시 전기적인 위험에 대한 안전교육 실시
   ④ 작업지휘자 또는 감시인 배치

148 | 전기·권선기

작업자 A는 장갑을 착용하지 않은 채 배전반 문을 열고 작업하고 있다.
차단기는 켜져 있는 상태를 보여주고 있고, 작업하는 도중 작업자 A씨는 쓰러졌다.

1) 재해 형태
2) 재해 원인 2가지

1) ① 감전

2) ① 절연 보호구 착용하지 않음
   ② 전원을 차단하지 않음

149 | 전기·단무지공장

단무지 공장에서 작업자 A는 물이 차 있는 수조에서 작업하던 도중, 옆에 있던 수중펌프가 작동하는 동시에 작업자 A씨는 감전되었다.

1) 감전사고 원인을 인체 피부저항과 관련지어 설명
2) 습윤한 장소에서 사용되는 이동전선에 대한 사용 전 점검사항 3가지
3) 재해 예방 대책 3가지
4) 방호장치

1) ① 습윤한 환경에서는 피부의 저항이 1/25 정도로 감소하여 전기가 인체를 통과하기 쉽다.

2) ① 수중펌프 금속체 외함 접지 점검
   ② 누전 차단기 설치 여부 확인
   ③ 절연이 손상된 전선은 즉시 교체

3) ① 수중펌프의 절연이 파손되었거나 전기적인 누전이 없는지 작업 전 확인
   ② 누전 차단기 설치
   ③ 작업 전 전원을 차단

4) ① 누전차단기

150-151
고압선로

150 | 전기·고압선로

작업자 2명이 절연 방호구 설치 작업을 하고있다. 한 작업자는 활선고소작업차에 올라가 안전모는 착용하였지만 절연 보호구를 착용하지 않은 상태에서 절연 방호구를 설치하고, 다른 작업자는 아래에서 도구와 재료를 전달하여 작업을 지원하고 있다. 작업 하는 도중에 전기 장비에 감전된 작업자가 발생하여 의식을 잃었다.

1) 위험요인 3가지

① 작업자는 절연용 보호구 착용하지 않아 감전 위험
② 활선작업용 공구 사용하지 않아 감전위험
③ 활선 작업 반경 거리 간격을 두지 않아 위험

151 | 전기·고압선로

작업자가 전주의 고압선로 작업진행 중 이다. 작업자는 전주의 고압선로에 사다리차를 타고 절연용 방호구 설치 작업을 하고 있는 모습을 보여 준다

1) 작업 시, 필요한 보호구 4가지 작성

1) ① 절연고무장갑
② 절연화
③ 절연용 안전모
④ 절연복

작업

152 | 전기·고압선로

절연고소작업차에 탑승한 작업자가 충전전로에 주황색 플라스틱 절연용 방호구를 설치하고 있다. 작업자는 절연장갑과 절연용 안전모를 착용하고 있지만 안전대를 착용하지 않은 상태다.

차량 아래에서 얇은 장갑을 착용한 다른 작업자가 자재를 달줄로 메달고 있고, 형강 쪽의 얇은 봉에 와이어로프를 걸 수 있는 도르래로 와이어로프를 연결한 뒤 잡아당기면서 올려 보내고 있다.

와이어로프가 전주 전선에 방호조치 없이 걸쳐져 있다. 위에 탑승한 작업자가 손으로 인양하는데, 1줄걸이로 흔들리며 인양되고 있으며 두 작업자가 서로 신호를 주고 받지 않고 있다.

절연고소작업차에는 2개의 탑승칸이 있고, 각각 작업자가 탑승하고 있다. 탑승칸 위치가 조정되어 아웃트리거를 설치했지만, 차량이 흔들리는걸 알 수 있다.

전로에 절연용 방호구를 설치하는 동안, 주 작업자가 활선전로에 가까이 붙어 작업하고 있으며, 차량도 주변 전신주 전로에 매우 가까이 위치해 있다.

1) 위험요인 3가지
2) 충전로 작업 시 전원을 차단하지 않고 작업 할 수 있는 경우 3가지 작성

1) ① 작업자가 절연용 보호구를 착용하지 않아, 감전 위험
   ② 작업자가 활선작업용 기구 및 장치를 사용하지 않아 감전 위험
   ③ 작업자가 충전전로에서 접근한계거리 이내로 접근하여 감전 위험

2) ① 생명유지장치, 비상경보설비, 폭발위험장소의 환기설비, 비상조명설비 등의 장치·설비의 가동이 중지되어 사고의 위험이 증가 되는 경우
   ② 기기의 설계상 작동상 제한으로 전로차단이 불가한 경우
   ③ 감전,아크등으로 인하여 화상, 화재폭발의 위험이 없는 것으로 확인 된 경우

153 | 전기·통신주

전주 / 통신주

안전대를 착용한 작업자가 통신주의 스탭볼트를 밟고 올라가고 있다.
수공구 작업중이다. 작업중에 C.O.S가 자꾸 발판에 닿아 흔들거린다.
옆에 절연고소작업차를 탄 작업자는 목장갑을 끼고 벙거지 모자를 쓰고 있으며, 안전대를
착용하지 않았으며, 버켓이 흔들리고 있다.
작업장소 밑에 신호수가 있고 행인이 지나가는 모습이 보인다.

1) 해당 작업에서 위험요인 3가지 작성

1) ① 안전대 미착용으로 인한 추락 위험
   ② 안전모 미착용
   ③ 작업발판이 고정되지 않음
   ④ 작업 반경 내 작업자 외 출입금지 미 실시

" 신기방기 꿀팁 "

전주와 통신주의 차이를 구별하라!
전주는 '애자, C.O.S'가 달려있는지 유무로 판단할 수 있다.

작업

154 | 전기·피뢰기

전주와 작업자를 보여주며, 작업자가 작업 중 화면이 갑자기 확대되며, 방호장치를 보여준다.

1) 방호장치 명칭
2) 해당 방호장치가 갖추어야 할 구비조건 4가지

1) ① 피뢰기
2) ① 상용 주파 방전 개시 전압이 높을 것
　② 속류 차단 능력이 클 것
　③ 충격 방전 개시 전압이 낮을 것
　④ 제한 전압이 낮을 것

155 | 전기·변압기

작업자 A는 전기 공사 현장에서 변압기의 점검 작업을 수행하고 있다.
작업자 A는 맨손으로 변압기의 2차 전압을 측정하기 위해 접근하였고, 변압기에 전원을 투입하도록 작업자 B에게 신호를 보냈다. 그 순간, 작업자 A는 변압기의 노출된 전선에 접촉하여 감전되었다.

1) 발생 이유 3가지
2) 안전 조치 사항 3가지

1) ① 안전거리 미확보
   ② 작업자 간의 신호 체계와 의사소통 미확립
   ③ 절연용 보호구 미착용

2) ① 안전거리 확보
   ② 작업자 간의 신호 체계와 의사소통 확립
   ③ 절연용 보호구 착용

156 | 전기·연마작업

작업장에는 물에 닿은 채 이동전선 및 충전부가 바닥에 놓여 있다. 작업자 A와 B는 방진마스크, 보안경 착용하지 않은 채 연마 작업을 하고 있다. 두 작업자 손에는 면장갑을 착용한 채 작업하고 있다.

1) 위험 요인 4가지
2) 안전 조치 사항 4가지

1) ① 보안경 미착용
   ② 방진마스크 미착용
   ③ 누전차단기 미설치
   ④ 습윤 장소에서 충분한 절연효과가 있는 이동전선 및 접속기구 미사용

2) ① 보안경 착용
   ② 방진마스크 착용
   ③ 누전차단기 설치
   ④ 습윤 장소에서 충분한 절연효과가 있는 이동전선 및 접속기구 사용

157 | 전기·누전차단기

작업장에는 물에 닿은 채 이동전선 및 충전부가 바닥에 놓여 있다. 작업자 A는 연마 작업을 하고 있는 장면을 보여주고 있다.

1) 감전방지용 누전차단기 설치 조건 4가지

1) ① 임시배선의 전로가 설치되는 장소에서 사용하는 이동형 또는 휴대형 전기기계·기구
   ② 대지전압이 150V를 초과하는 이동형 또는 휴대형 전기기계·기구
   ③ 철판·철골 위 등 도전성이 높은 장소에서 사용하는 이동형 또는 휴대형 전기기계·기구
   ④ 물 등 도전성이 높은 액체가 있는 습윤장소에서 사용하는 저압용 전기기계·기구

158 | 전기·충전전로(항타기)

항타기로 땅을 파고, 면장갑은 착용 하였지만, 안전모는 미 착용 한 작업자가
항타기가 세워지고 있는 장소의 작은 틈에 손을 넣어서 보도 블럭을 끄집어낸다.
이동식 크레인으로 파일을 세로로 세워서 들고 이동 하는 장면이 나온다.
전주에 흔들림이 많아서, 작업자 여러명이 흔들리지 못하도록 잡고 있다.

1) 감전 재해 예방 대책 3가지를 작성 하시오.

1) ① 차량을 충전 전로의 충전부로부터 이격 시킬 것
   ② 충전 전로에 절연용 방호구등을 설치 할 것
   ③ 감전 발생 위험이 있는 장소에는 울타리를 설치 할 것

159 | 전기·전주

작업자 A는 통신주에 올라가다 CCTV에 부딪혀 추락하는 재해가 발생하였다.

1) 발생 원인 3가지

1) ① 작업 시작 전 주변 점검을 실시하지 않음
   ② 안전대 미착용
   ③ 고소작업차량을 사용하지 않음

160 | 전기·전주

작업자가 전주에 올라가던 도중 표지판에 부딪쳐 추락하는 사고가 발생하는 장면을 보여준다.

1) 재해발생원인 2가지 작성

1) ① 안전대 미착용
   ② 안전한 작업발판 미 설치

161-162
전주

161 | 전기·전주

작업자 A는 안전대를 체결하지 않은 상태로 전주에 등주를 하여 공구를 꺼내려던 중 공구가 낙하하여 밑에서 작업하고 있던 작업자 B가 맞는 재해가 발생하였다.

1) 안전수칙 3가지

1) ① 감시인 배치 및 출입금지 구역의 설정
   ② 안전대 착용
   ③ 지상작업자 안전보호구 착용

162 | 전기·전주

작업자 A와 B는 흔들거리는 스텝볼트를 밟고 변압기 볼트를 조이는 작업을 하는 것을 보여주고 있으며, 작업자 A는 절연장갑을 착용하지 않았고, 작업자 A와 B 모두 안전대를 전주에 체결하지 않은 상태이다.

1) 위험 요인 3가지

1) ① 안전대를 전주에 체결하지 않아 떨어짐 위험이 있음
   ② 작업자 A가 절연장갑을 착용하지 않아 감전 위험이 있음
   ③ 스텝볼트(작업발판)이 불안하여 떨어짐 위험이 있음

작업

163-164
전주

163 | 전기·전주

> 전주 위에서 작업자 2명이 작업하고 있다. 안전모 착용한 작업자 A는 안전대를 체결 하지 않은 채 흡연을 하며, 스텝 볼트를 딛고 작업하는 모습을 보여주며, 스텝 볼트가 흔들리는 장면을 보여주고 있다. 스텝 볼트 쪽에는 C.O.S(Cut Out Switch)가 임시로 걸쳐 있는 것을 보여주고 있다. 작업자 B는 고소작업차량에서 다른 작업을 하고 있는 장면을 보여주고 있다.

1) 정전작업 전 조치사항 4가지
2) 정전작업 중 조치사항 4가지
3) 정전작업 종료 후 조치사항 3가지
4) 위험요인 4가지
5) 절연보호구 4가지

1) ① 검전기를 이용하여 작업
　② 단락접지기구를 이용하여 접지
　③ 전력 케이블, 전력 콘덴서 등의 잔류 전하 방전
　④ 단로기나 차단장치에 잠금장치 및 꼬리표 부착

2) ① 개로된 개폐기의 관리
　② 단락접지 상태관리
　③ 근접활선에 대한 방호상태 관리
　④ 작업지휘자에 의한 지휘

3) ① 단로기나 차단장치 잠금장치 및 꼬리표 철거
　② 작업장에 작업자가 위험에 노출되지 않았는지 확인
　③ 작업기구, 단락접지기구 등 제거

4) ① 적절한 발판(스텝 볼트) 미설치
　② 작업 중 흡연을 하고 있음
　③ C.O.S를 임시로 걸쳐 놓음
　④ 안전대 미체결

5) ① 절연장화
　② 절연화
　③ 절연복
　④ 절연장갑

164 | 전기·전주

작업자 A는 콘크리트 전신주에서 변압기가 활선인지 아닌지 확인하려 한다.

1) 활선 여부 확인이 가능한 방법 3가지

1) ① 검전기로 확인한다.
   ② 활선 경보기로 확인한다.
   ③ 테스터기로 확인한다.

165 | 전기·변전실

작업자들이 옥상에서 족구를 하던 중 족구공이 변전실로 들어가게 되면서, 작업자 1인이 단독으로 족구공을 꺼내오려 하다가 변전실 내부에서 감전을 당하여 쓰러지게 된다.

1) 안전 조치 사항 5가지

1) ① 충전부가 노출되지 않도록 폐쇄형 외함이 있는 구조로 할 것
   ② 충전부에 충분한 절연효과가 있는 방호망이나 절연덮개를 설치할 것
   ③ 충전부는 내구성이 있는 절연물로 완전히 덮어 감쌀 것
   ④ 발전소·변전소 및 개폐소 등 구획되어 있는 장소로서 관계 근로자가 아닌 사람의 출입이 금지되는 장소에 충전부를 설치하고, 위험표시 등의 방법으로 방호를 강화할 것
   ⑤ 전주 위 및 철탑 위 등 격리되어 있는 장소로서 관계 근로자가 아닌 사람이 접근할 우려가 없는 장소에 충전부를 설치할 것

작업

166-169 교류아크 용접

166 | 용접·교류아크용접

습윤한 장소에서 작업자 A는 교류아크용접기를 사용하는 장면을 보여주고 있다.

1) 안전장치

1) ① 자동전격방지기

167 | 용접·교류아크용접

작업자 A는 일반 모자와 목장갑을 착용하고 있으며, 용접 작업을 하면서 슬러지를 제거하고 있다. 제거한 이후, 다시 용접 작업을 하려는 그 때, 감전으로 쓰러져 재해가 발생하였다.

1) 기인물
2) 착용해야 할 보호구 4가지

1) ① 교류아크용접기

2) ① 용접용 보안면
   ② 절연장갑
   ③ 절연화
   ④ 안전모 AE종, ABE종형

168 | 용접·교류아크용접

작업자 A는 오른손으로는 용접을 하고 있고, 왼손으로는 스위치를 조작하면서 교류아크용접작업을 하고 있다. 주변에는 인화성 물질이 있는 것으로 보인다.

1) 작업자 측면의 위험요인
2) 작업장 측면의 위험요인
3) 용접작업 중 유해광선에 의한 눈 장해가 우려되는데, 유해광선의 종류 작성

1) ① 오른손으로는 용접, 왼손으로는 스위치를 조작하며 작업에 대한 상황 파악이 어려워짐
2) ① 작업장 주변에 인화성 물질이 있어 화재위험이 있음
3) ① 자외선

169 | 용접·교류아크용접

교류아크용접기로 작업을 하고 있다.

1) 자동전격방지기 종류 4가지

1) ① 외장형
   ② 내장형
   ③ L형 (저저항 시동형)
   ④ H형 (고저항 시동형)

170-171 교류아크 용접

170 | 용접·교류아크용접

작업자 A는 교류아크용접작업을 하고 있다.

1) 착용하여야 하는 보호구 5가지

1) ① 용접용 장갑
　② 용접용 두건
　③ 용접용 앞치마
　④ 용접용 보안면
　⑤ 용접용 자켓

171 | 용접·교류아크용접

작업자 A는 용접용 보안면, 가죽장갑, 용접용 앞치마를 착용한 채 모재를 집게에 물려놓고 피복아크용접작업을 하고 있다. 주변에는 잡다한 용접 도구들이 널부러진 채로 있고, 모재 옆에 있던 작업대 위에 용접봉이나 물건들에게서 불티가 튀고 있다.

1) 위험요인 3가지

1) ① 소화기구 비치 미흡
　② 불티의 비산방지조치 미흡
　③ 작업장 주변 가연성 물질에 대한 방호조치 미흡

172 | 용접·교류아크용접

아세틸렌 용접장치 이용하여, 작업하는 영상을 보여주고 있다.

1) 빈칸 작성
   - 사업주는 아세틸렌 용접장치를 사용하여 금속의 용접·용단 또는 가열작업을 하는 경우에는 게이지의 압력이(①) kpa를 초과하는 압력의 아세틸렌을 발생시켜 사용해서는 아니 된다.
   - 주관 및 분기관에는 (②)를 설치 할 것 이 경우 하나의 취관에 2개 이상의 (②)를 설치하여야한다.
   - 사업주는 아세틸렌 용접장치의 아세틸렌 발생기를 설치하는 경우에는 전용의 발생기실에 설치하여야한다. 발생기실은 건물의 최상층에 위치 하여야 하며, 화기를 사용하는 설비로부터 (③) m를 초과하는 장소에 설치하여야한다. 발생기실을 옥외에 설치한 경우에는 그 개구부를 다른건축물로부터 1.5m 이상 떨어지도록 하여야한다.
   - 사업주는 용해아세틸렌의 가스집합용접장치의 배관 및 부속기구는 구리나 구리 함유량이 (④)% 이상인 합금을 사용해서는 아니된다.

1) ① 127kpa
   ② 안전기
   ③ 3m
   ④ 70%

작업

173-174
용접

173 | 용접·용접안전

아무런 보호구를 착용하지 않은 채 작업자 A는 가스 용접 절단 작업 중, 작업 도구들이 바닥에 널부러져 있는 가운데, 작업자 A는 눕혀져있는 산소통 줄을 보지 못한 채 걸어가다 줄을 당겨서 호스가 뽑혀 산소가 새어 나와 불꽃이 튀고 있다.

1) 위험요인 4가지

1) ① 산소통을 눕혀 위험
② 용접용 장갑 미착용
③ 용접용 보안면 미착용
④ (산소 호스가 뽑혀 나온 경우) 산소용기 호스 조임상태 불량

174 | 용접·용접안전

액화탄산가스 용기와 액체질소 용기 등 보여주고 있다.

1) 가스집합용접장치의 배관을 하는 경우, 사업주가 준수해야하는 사항 2가지

1) ① 플랜지·밸브·콕 등의 접합부에는 개스킷을 사용하고 접합면을 상호 밀착시키는 등의 조치를 할 것
② 주관 및 분기관에는 안전기를 설치하고, 이 경우 하나의 취관에 2개 이상의 안전기를 설치할 것

175-176
유해화학물질

175 | 화학·유해화학물질

작업자 A는 장갑, 마스크를 미착용한 상태로 용기를 들고 비커에 따르고 있다. 용기에는 "H_2SO_4"라고 적혀져 있다.

1) 체내 유입될 수 있는 경로 3가지
2) 특별관리물질 사항 3가지
3) 소분되어 있는 화학물질의 유해, 위험요인을 표시하기 위해 용기에 표시하는 자료 명칭

1) ① 호흡기
　② 소화기
　③ 피부(점막)
2) ① 생식세포 변이원성 물질
　② 생식독성 물질
　③ 발암성 물질
3) ① msds(물질안전보건자료)

176 | 화학·유해화학물질

연구실에서 맨손으로, 황산(H_2SO_4)으로 유리용기를 세척하던 작업자에게 황산(H_2SO_4)이 손에 묻어 사고가 발생함

1) 재해발생형태 1가지 작성
2) 재해발생정의 1가지 작성

1) ① 유해 위험물질 노출·접촉

2) ① 유해 위험물질에 노출·접촉 또는 흡입하였거나, 독성동물에 쏘이거나 물린 경우를 뜻함

177 | 화학·유해화학물질

작업자 A는 유해물 취급 작업을 하고 있다.

1) 주의사항 4가지

1) ① 유해물질 발생원인 차단
   ② 유해물의 위치 변경
   ③ 점화원 제거
   ④ 실내환기

178 | 화학·유해화학물질

작업자가 폭발성 화학물질을 다루는 실험실에 들어가기 전에 신발에 물을 묻히고, 입장한다.
다른 작업자가 바닥에 가루가 떨어져 있는 작업장으로 들어가 화약물질을 다루다가, 신발이 미끄러지 듯
하더니 신발 바닥에서 불꽃이 터지는 장면을 보여준다.

1) 폭발성 화학물질 저장소에 들어가는 작업자가 물을 묻히는 이유 작성
2) 소화 방법 작성
3) 착용 해야 할 보호구 2가지 작성

1) 작업화와 바닥면의 접촉으로 인한 정전기 발생을 줄이기 위해서
2) 다량주수에 의한 냉각소화
3) ① 정전기 대전방지용 안전화
   ② 제전복

179 | 화학·유해화학물질

보호구를 입지 않은 작업자가 변압기 양 옆에 나와있는 전선을 집어 유기화합물 드럼에 넣었다가 꺼내 선반 앞에 놓는 활동을 계속 반복하고 있다.

1) 착용해야하는 보호구 - ① 눈 / ② 손 / ③ 피부

1) ① 보안경
   ② 불침투성 보호장갑
   ③ 불침투성 보호복

180 | 화학·유해화학물질

작업자 A는 주황색 용기 저장 장소로 들어가고 있다.

1) 수소의 특성 3가지

1) ① 연소 시 발열량이 큼
   ② 폭발범위가 넓어서 폭발 위험성이 큼
   ③ 공기보다 가벼움

작업

181-182
유해화학물질

181 | 화학·유해화학물질

작업자 A는 DMF(디메틸포름아미드) 작업장에서 아무런 보호구를 착용하지 않은 채 작업을 하고 있다.

1) 유해물질 취급 시 비치하여야 할 보호구 5가지

1) ① 불침투성 보호장갑
   ② 불침투성 보호복
   ③ 불침투성 보호장화
   ④ 보안경
   ⑤ 방독마스크

182 | 화학·유해화학물질

1) DMF(디메틸포름아미드)용기 외부에 부착 해야 하는 경고표지 3가지 작성

1) ① 급성독성물질경고
   ② 발암성물질경고
   ③ 인화성물질경고

183 | 화학·유해화학물질

가솔린이 남아있는 화학설비에 등유를 주입하는것을 보여주고 있다.

1) 빈 칸 작성

등유나 경유를 주입하기 전에 탱크·드럼 등과 주입설비 사이에 접속선이나 접지선을 연결하여 (①) 를 줄이도록 할 것

등유나 경유를 주입하는 경우에는 그 액표면의 높이가 주입관의 선단의 높이를 넘을 때까지 주입속도를 초당 (②) m 이하로 할 것

1) ① 전위차
　② 1m

184 | 화학·유해화학물질

1) 가스장치실의 구조적 설치요건 3가지를 작성하시오.

1) ① 가스가 누출된 때에는 가스가 정체되지 않도록 할 것
　　② 지붕 및 천장에는 가벼운 불연성 재료를 사용할 것
　　③ 벽에는 불연성 재료를 사용할 것

**185-187
퍼지작업**

185 | 화학·퍼지작업

작업자 A는 퍼지작업을 하고 있다.

1) 퍼지작업의 종류 4가지

1) ① 스위프퍼지
　② 압력퍼지
　③ 진공퍼지
　④ 사이펀퍼지

186 | 화학·퍼지작업

산소가 결핍된 곳에서 작업자들은 퍼지작업을 보여주고 있다.

1) 퍼지작업의 목적 3가지

1) ① 가연성 가스 및 지연성가스의 경우
　　　- 화재폭발 방지
　　　- 산소결핍에 의한 질식사고 방지
　② 불활성가스의 경우
　　　- 산소결핍에 의한 질식사고 방지
　③ 독성가스의 경우
　　　- 중독사고 방지

작업

187 | 화학·퍼지작업

산소가 결핍된 곳에서 작업자들은 퍼지 작업을 보여주고 있다.

1) 밀폐공간의 적정공기 수준에 대한 빈 칸 작성

"적정한 공기"는 산소 농도의 범위가 (①)%이상 (②)%미만, 이산화탄소의 농도가 (③)%미만, 일산화탄소의 농도가 (④)ppm 미만, 황화수소의 농도가 (⑤)ppm 미만인 수준의 공기를 말한다.

1) ① 18% 이상
   ② 23.5% 미만
   ③ 1.5% 미만
   ④ 30ppm 미만
   ⑤ 10ppm 미만

188 | 화학·밀폐공간

1) 밀폐 공간 작업 시 필요한 기구 및 보호구 6가지 작성

1) ① 공기호흡기
   ② 송기마스크
   ③ 섬유로프
   ④ 사다리
   ⑤ 산소 및 유해가스농도 측정기
   ⑥ 환기설비

" 신기방기 꿀팁 "
산소호흡기, 방독마스크는 틀린 답안이 됩니다.

작업

189-191
밀폐공간

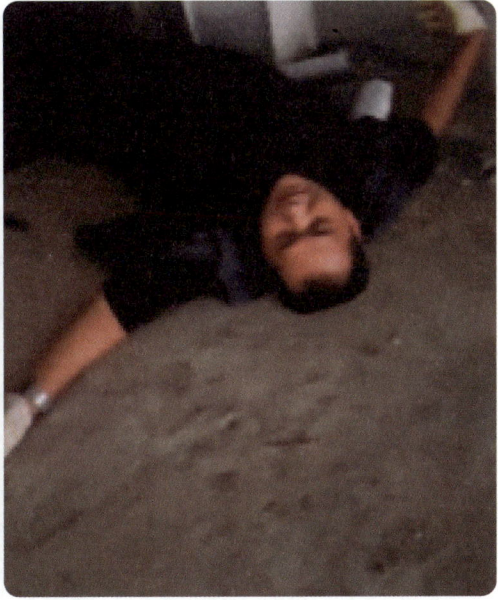

189 | 화학·밀폐공간

어떤 보호구도 착용하지 않은 작업자 A는 선박 밸러스트 탱크 내부 쪽 밀폐공간에 들어가 작업하는 도중에 기절한다.

1) 비상시 대피용(피난용구) 4가지
2) 위험요소 3가지 작성

1) ① 송기마스크
   ② 공기호흡기
   ③ 사다리
   ④ 섬유로프

2) ① 밀폐공간(산소결핍장소)에는 산소 농도를 측정하는 사람을 지명하여야 하지만, 작업시작 전 산소농도를 측정하지 않았다.
   ② 작업 상황을 감시할 수 있는 감시인을 지정하여 밀폐공간 외부에 배치하지 않았다.
   ③ 공기호흡기, 송기마스크 등 보호구를 착용하지 않았다.

190 | 화학·밀폐공간

작업자 A는 맨홀 내부 쪽에 통풍이 불충분한 장소에서 가스를 공급하는 배관 작업을 하고 있다.

1) 사업주 조치 사항 3가지

1) ① 배관을 해체하거나 부착하는 작업장소에 해당 가스가 들어오지 않도록 차단할 것
   ② 근로자에게 공기호흡기 또는 송기마스크를 지급하여 착용하도록 할 것
   ③ 해당 작업 장소는 적정공기 상태가 유지되도록 환기시킬 것

191 | 화학·밀폐공간

지하에 설치 된 폐수처리조에서 작업하던 작업자가 의식을 잃고 쓰러지는 장면을 보여준다.

1) 착용 해야할 보호구 2가지

1) ① 공기호흡기
   ② 송기마스크

작업

192-195
밀폐공간

192 | 화학·밀폐공간

작업자 A는 밀폐공간에서 작업하고 있다.

1) 밀폐공간 작업 시 특별 교육의 내용 5

1) ① 산소농도 측정 및 작업환경에 관한 사항
   ② 사고 시의 응급처치 및 비상 시 구출에 관한 사항
   ③ 보호구 착용 및 보호 장비 사용에 관한 사항
   ④ 작업내용 안전작업방법 및 절차에 관한 사항
   ⑤ 장비·설비 및 시설 등의 안전점검에 관한 사항

> **참고** 산업안전보건법 시행규칙 별표5 근거 〈개정 2023.09.27〉
> 안전보건교육 교육대상별 교육내용(제26조제1항 등 관련)

34. 밀폐공간에서의 작업	- 산소농도 측정 및 작업환경에 관한 사항 - 사고 시의 응급처치 및 비상시 구출에 관한 사항 - 보호구 착용 및 보호 장비 사용에 관한 사항 - 작업내용안전작업방법 및 절차에 관한 사항 - 장비·설비 및 시설 등의 안전점검에 관한 사항 - 그 밖에 안전·보건관리에 필요한 사항

193 | 화학·밀폐공간

탱크 내부 밀폐된 공간에서 그라인더 작업을 수행하는 작업자가 보인다. 외부에서 다른 작업자가 실수로 국소 배기장치를 발로 차서 전원 공급이 차단되었고, 그 결과 내부 작업자가 의식을 잃어 쓰러지는 사고가 발생하는 장면을 보여준다.

1) 밀폐공간의 산소 및 유해가스 농도를 측정 및 평가 할 수 있는 사람 또는 기관의 종류 작성

1) ① 산소 및 유해가스 농도의 측정·평가에 관한 교육을 이수한 사람

194 | 화학·밀폐공간

지하 피트의 밀폐된 공간에서 여러 작업자들이 작업을 진행하고 있는 모습을 보여준다.

1) 밀폐공간 작업 시, 관리감독자 의무 3가지

1) ① 작업을 하는 장소의 산소 여부의 적절성을 작업 시작 전 확인
   ② 환기장치, 측정장비 등 작업 시작 전에 점검
   ③ 근로자에게 송기마스크 등의 착용을 지도 및 점검

195 | 화학·밀폐공간

탱크 내부 밀폐된 공간에서 작업자가 그라인더 작업을 하고 있다. 안전모는 착용 하지 않았으며, 그라인더에는 덮개가 없는 모습이 보여진다.
외부에 설치된 국소배기장치를 다른작업자가 발로차서, 전원공급이 차단되어 내부 작업자가 쓰러지는 장면을 보여 준다

1) 밀폐공간 작업 프로그램 내용 4가지 작성

1) ① 안전보건교육 및 훈련
   ② 사업장 내 밀폐공간의 위치파악 및 관리방안
   ③ 작업 시작 전, 사전에 필요한 사항에 대한 확인
   ④ 밀폐 공간 내 사고 발생 우려되는 유해·위험 요인의 파악 및 관리방안

작업

196 | 화학·배관

작업자가 빨간색 에어 배관 플랜지 볼트를 점검하고 있다. 볼트를 풀었다가 조이는 동시에, 하얀증기가 갑자기 분출되며, 작업자의 얼굴로 향하여, 작업자가 쓰러지는 장면을 보여 준다

1) 위험요인 3가지

1) ① 보안경 미착용
　② 방열장갑, 방열복 미착용
　③ 배관 내 잔압을 제거하지 않고 점검

197-198
LPG저장소

197 | 화학·LPG저장소

작업자 A는 LPG 저장소에서 작업중 LPG가 대기 중에 유출되어 순간적으로 기화가 일어나 점화원에 의해 폭발하여 사고를 당하였다.

1) 사고형태
2) 기인물

1) ① 폭발
2) ① LPG

198 | 화학·LPG저장소

LPG 저장소에서 가스누설감지경보기를 설치하지 않아 재해가 발생하였다.

1) 경보설정값
2) 적절한 설치위치

1) ① 폭발하한계의 25% 이하
2) ① 바닥에 인접한 낮은 곳에 설치

199 | 화학·인화성물질

인화성물질 취급 및 저장소에서 가스가 대기 중에 확산되어 있는 다량의 가스(증기운)가 유출되어 폭발하고 있는 장면을 보여주고 있다.

) 가스폭발의 종류
2) 정의
3) 인화성 물질의 증기, 가연성 또는 분진이 존재하여 폭발 또는 화재가 발생할 우려가 있을 경우 예방대책 작성

1) ① 증기운 폭발(UVCE)

2) ① 인화성가스가 대기 중 유출되어 구름형태로 모여 점화원에 의해 급격히 폭발하는 현상

3) ① 환기가 되지 않은 상태에서 전기기계·기구를 작동시키지 않을 것
② 분진을 미리제거 할 것
③ 가스검지 및 경보장치 설치할 것
④ 환풍기, 배풍기 등 환기장치를 설치할 것

200 | 화학·인화성물질

인화성 물질 표지가 부착된 장소에서 작업자 A는 작업을 하다가, 땀을 많이 흘려 옷을 벗던 순간 폭발 사고가 발생하였다.

1) 인체에 대전된 정전기에 의한 화재 또는 폭발 위험이 있는 경우 조치 사항 4가지 작성
2) 발화원의 형태
3) 발화원의 종류 4가지

1) ① 정전기대전방지용 안전화 착용
   ② 제전복착용
   ③ 정전기 제전용구 사용
   ④ 작업장 바닥등에 도전성을 갖추도록 할것

2) 정전기

3) ① 마찰대전
   ② 박리대전
   ③ 유동대전
   ④ 유도대전

작업

201-202 용융고열물

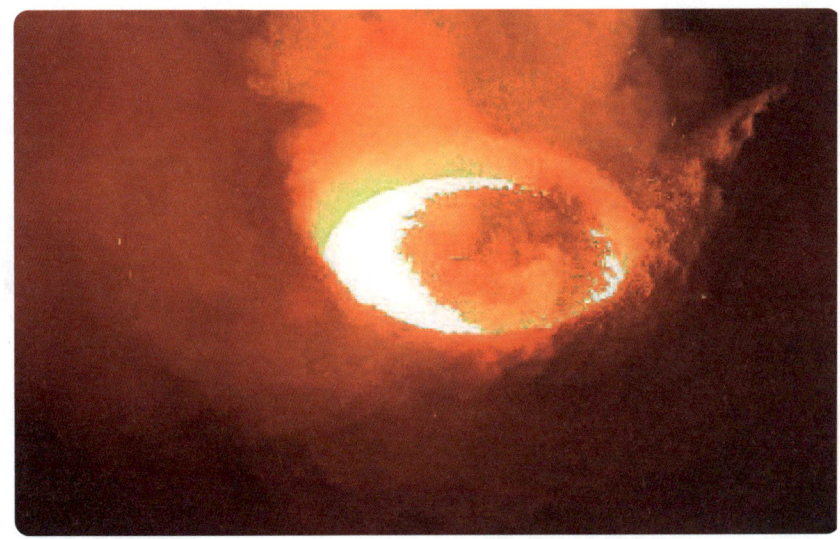

201 | 화학·용융고열물

작업자 A는 쇳물이 흐르는 통로에 찌꺼기를 제거하기 위하여 도구로 긁다가 쇳물이 작업자 A의 근처에 튀고 있다.

1) 융용고열물을 취급하는 피트에 대하여 수증기 폭발을 방지하기 위한 사업주의 조치사항 작성

1) ① 작업 용수 또는 빗물 등이 내부로 새어드는 것을 방지할 수 있는 격벽 등의 설비를 주변에 설치할 것
   ② 지하수가 내부로 새어드는 것을 방지할 수 있는 구조로 할 것

202 | 화학·용융고열물

작업자 A는 용광로 작업을 하고 있다. 용탕 안의 쇳물을 저어 슬래그를 제거하고 있다.

1) 고열의 정의를 작성
2) 신체부위 별 보호복 - ① 얼굴 / ② 몸 / ③ 손 / ④ 발

1) 열에 의하여 근로자에 열경련·열탈진 또는 열사병 등의 건강장해를 유발할 수 있는 더운 온도

2) ① 방열두건
   ② 방열복
   ③ 방열장갑
   ④ 방열장화

203 | 보호구·방진마스크

작업자 A는 분리식 방진마스크를 착용하고 있다

1) 빈 칸 작성

등급	염화나트륨 및 파라핀 오일 시험
특급	①
1급	②
2급	③

1) ① 99.95% 이상
   ② 94% 이상
   ③ 80% 이상

204 | 보호구·방진마스크

작업자 A는 방진마스크를 착용하고 있다.

1) 마스크의 명칭
2) 마스크의 등급
3) 산소농도 몇 % 이상인 장소에서 마스크를 사용해야하는지 작성
4) 방진마스크 구비조건 4가지

1) ① 방진마스크(직결식 반면형)
2) ① 특급, 1급, 2급
3) ① 18% 이상
4) ① 착용시 작업이 용이할 것
   ② 여과효율이 좋을 것
   ③ 중량이 가볍고 시야가 넓을 것
   ④ 안면 밀착성이 좋을 것

205 | 보호구·방진마스크

 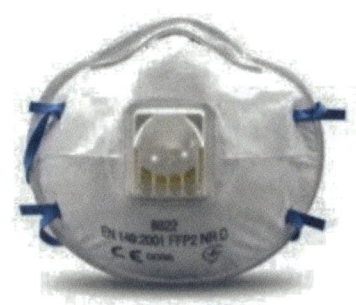

분리식 방진마스크 및 안면부여과식 방진마스크 를 착용하고 있는 작업자를 교차하여 보여 주고 있다.

1) 방진마스크의 일반적인 구조조건 4가지

1) ① 안면부 여과식 마스크는 여과재를 안면에 밀착시킬 수 있을 것
② 안면부 여과식 마스크는 여과재로 된 안면부가 사용 기간 중 심하게 변형되지 않을 것
③ 전면형은 호흡 시 투시부가 흐려지지 않을 것
④ 착용 시 압박감이나 고통을 주지 않을 것

206 | 보호구

작업자 A는 면 마스크를 착용하고 석면분진이 날리고 있는 장소에서 작업을 하고 있다. 작업자 A는 면 마스크를 착용하였지만, 석면 노출에 위험성이 노출되어 있다.

1) 직업성 질병 발병할 수 있는 이유
2) 직업병의 종류 3가지

1) ① 방진마스크가 아닌 일반 면 마스크를 착용하고 있어, 석면 분진이 흩날려 호흡기를 통해 흡입할 수 있음.

2) ① 폐암
② 석면폐증
③ 악성중피종

207 | 보호구·방독마스크

작업자 A는 녹색 정화통의 방독마스크를 착용하고 있다.

1) 방독마스크의 종류
2) 방독마스크의 형식
3) 방독마스크의 시험가스 종류
4) 방독마스크 정화통의 주성분
5) 방독마스크 전면형 누설률
6) 중농도 방독마스크 파과시간

1) 암모니아용 방독마스크
2) 격리식 전면형
3) 암모니아 가스
4) 큐프라마이트
5) 0.05% 이하
6) 40분 이상

208 | 보호구·방독마스크

작업자 A는 회색 정화통의 방독마스크를 착용하고 있다.

1) 방독마스크의 종류
2) 방독마스크의 형식
3) 방독마스크 시험가스 종류
4) 방독마스크 정화통의 주성분

1) ① 할로겐가스용 방독마스크
3) ① 염소가스
2) ① 격리식 전면형
4) ① 활성탄, 소다라임

작업

209 | 보호구·방독마스크

갈색 정화통의 방독마스크를 보여주고 있다.

1) 방독마스크의 종류
2) 방독마스크의 흡수제
3) 방독마스크의 시험가스의 종류 3가지

1) 유기화합물용 방독마스크

2) 활성탄

3) ① 시클로헥산
   ② 디메틸에테르
   ③ 이소부탄

210 | 보호구·방독마스크

←〈출처 : 산업안전보건공단〉

작업자 A는 방독마스크를 착용하고 있다.

1) 방독마스크의 성능시험 종류 5가지

1) ① 안면부 흡기저항시험
   ② 안면부 배기저항시험
   ③ 안면부 누설율시험
   ④ 시야시험
   ⑤ 불연성시험

211 | 보호구·방독마스크

〈출처 : 산업안전보건공단〉

작업자 A는 방독마스크를 착용하고 있다.

1) 안전 인증 표시 외 추가 표시사항 4가지

1) ① 파과곡선도
   ② 정화통의 외부 측면의 표시색
   ③ 사용시간 기록카드
   ④ 사용상의 주의사항

212 | 보호구·방독마스크

작업자 A는 파이프에 스프레이건으로 페인트 작업을 하고 있다.

1) 착용하여야 하는 보호구
2) 흡수제 종류 4가지

1) ① (유기화합물용) 방독마스크

2) ① 소다라임
   ② 활성탄
   ③ 알칼리제
   ④ 큐프라마이트

작업

213-214
안전모

 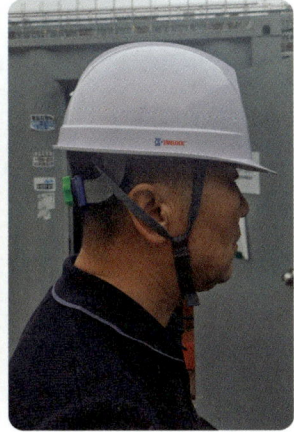 

213 | 보호구·안전모

안전모를 보여주고 있다.

1) 빈 칸 채우기

1. 안전모의 모체, 착장체 및 충격흡수재를 포함한 질량은 (①)을 초과하지 않을 것
2. 물체의 낙하 또는 비래에 의한 위험을 방지 또는 경감하고, 머리부위 감전에 의한 위험을 방지하기 위한 안전모의 기호는 (②) 이다.
3. 내전압성이란 (③) 이하의 전압에 견디는 것을 말한다.

1) ① 440g
   ② AE 종
   ③ 7000V

214 | 보호구·안전모

안전모를 보여주고 있다.

1) 빈 칸 채우기

1. AE종 및 ABE종의 관통거리 (①)mm 이하
2. AB종의 관통거리 (②) mm 이하
3. 충격흡수성 – 최고전달충격력 (③) N 초과하지 않을 것

1) ① 9.5mm
   ② 11.1mm
   ③ 4450N

215 | 보호구·안전모

안전모의 그림을 보여주고 있다.

1) 빈 칸 채우기

번호	명칭	
1)	①	
2)		②
3)	착장제	③
4)		④
5)	⑤	
6)	⑥	
7)	⑦	

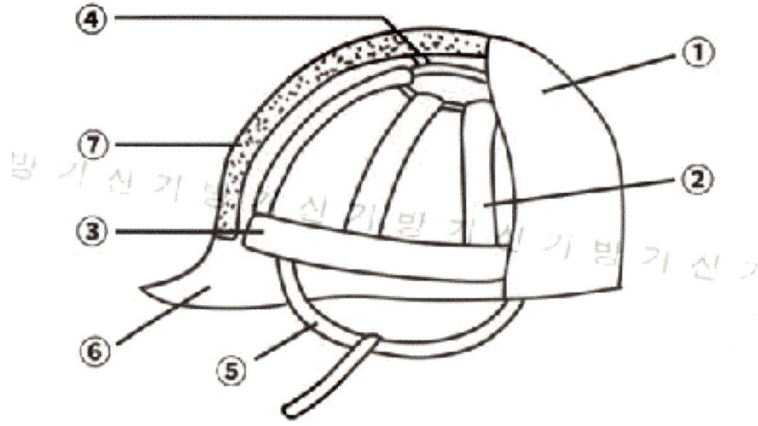

1) ① 모체
   ② 머리받침끈
   ③ 머리고정대
   ④ 머리받침고리
   ⑤ 턱끈
   ⑥ 챙(차양)
   ⑦ 충격흡수재

작업

216-217
안전화

↑〈출처 : 산업안전보건공단〉

216 | 보호구·안전화

1) 안전화의 종류 6가지
2) 가죽제 안전화의 뒷굽 높이를 제외한 몸통 높이에 따른 구분 작성
3) 가죽제 안전화 성능시험 6가지

1) ① 가죽제 안전화
   ② 고무제 안전화
   ③ 정전기 안전화
   ④ 발등 안전화
   ⑤ 절연화
   ⑥ 절연장화

2) ① 단화 113mm 미만
   ② 중단화 113mm 이상
   ③ 장화 178mm 이상

3) ① 내답발성 시험
   ② 내압박성 시험
   ③ 내유성 시험
   ④ 내부식성 시험
   ⑤ 내충격성 시험
   ⑥ 박리저항 시험

217 | 보호구·안전화

작업자 A는 고무제 안전화를 신고 있다.

1) 고무제 안전화의 분류
2) 사용되는 작업장 종류 2가지

1)

분류	사용장소
일반용	일반작업장
내유용	탄화수소류의 윤활유 등을 취급하는 작업장

2) ① 일반작업장
   ② 탄화수소류의 윤활유 등을 취급하는 작업장

218 | 보호구·안전블록

보호구를 보여주고 있다.

1) 보호구의 명칭
2) 보호구의 갖추어야 하는 구조
3) 보호구의 일반구조 조건
4) 보호구의 정의

1) ① 안전블록

2) ① 자동잠김장치를 갖출 것
   ② 안전블록 부품은 부식방지처리를 할 것

3) ① 안전블록은 정격 사용길이가 명시될 것
   ② 안전블록을 부착하여 사용하는 안전대는 신체지지의 방법으로 안전그네만을 사용할 것
   ③ 안전블록의 줄은 합성섬유로프, 웨빙, 와이어로프 이어야 하며, 와이어로프인 경우 최소 공칭지름이 4mm 이상인 것

4) ① 안전그네와 연결하여 추락발생시 추락 억제할 수 있는 자동잠김장치가 갖추어져 있고 죔줄이 자동적으로 수축되는 장치

219 | 보호구·안전대

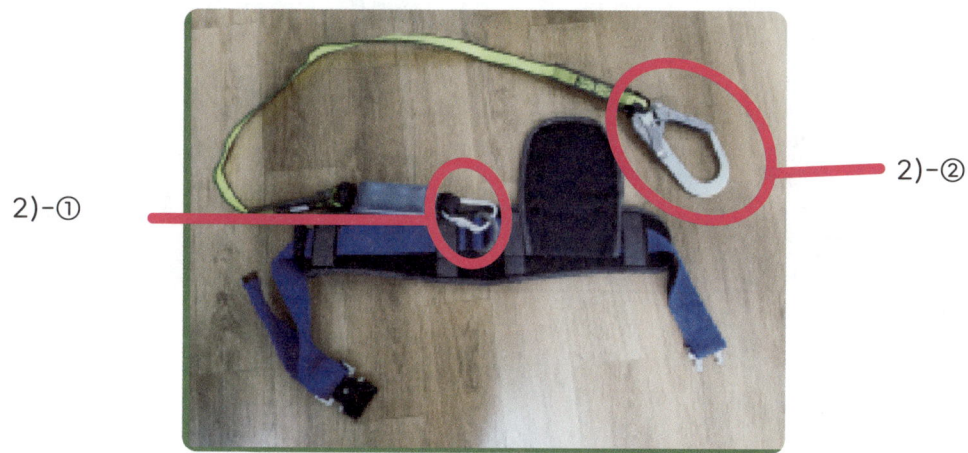

안전대를 보여주고 있다.

1) 안전대의 명칭
2) 각 부의 명칭
3) 벨트의 구조와 치수 기준

1) ① 벨트식

2) ① 카라비너
   ② 훅

3) ① 벨트의 구조 기준
     - 강인한 실로 짠 직물로 비틀어짐, 흠 또는 기타 결함이 없을 것
   ② 벨트의 치수 기준
     - 벨트의 너비 50mm 이상
     - 벨트의 길이 1100mm 이상
     - 벨트의 두께 2mm 이상
     - 벨트의 정하중 15kN 이상

220 | 보호구·안전대

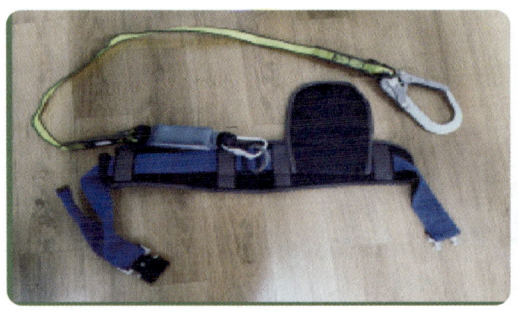

보호구를 보여주고 있다.

1) 안전대의 종류 2가지

1) ① 벨트식
   ② 안전그네식

221 | 보호구·안전대

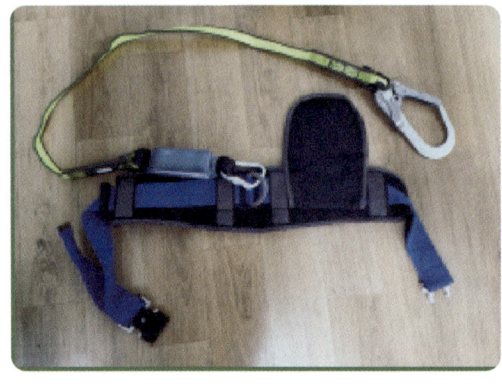

작업자 A는 안전대를 전주에 체결하여 작업하고 있다.

1) 안전대 종류 작성
2) 안전대 용도 작성

1) ① 벨트식
2) ① U자 걸이 전용

222 | 보호구·방음용보호구

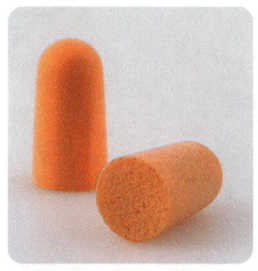

방음용 보호구(귀마개)를 확대해서 보여주고 있는 상황이다

1) 해당 표에 빈칸을 작성

보호구명	종류	기호	성능
귀마개	①	②	③
	2종	④	⑤

1) ① 1종
   ② EP-1
   ③ 저음부터 고음까지 차음
   ④ EP-2
   ⑤ 고음만을 차음

223 | 보호구·방음용보호구

한 작업자가 귀덮개를 쓰고 작업을 하고 있다.

1) EM(Ear Mask) 주파수에 의한 방음치수 빈 칸 작성
   ① 1000Hz : (   )dB 이상
   ② 2000Hz : (   )dB 이상
   ③ 4000Hz : (   )dB 이상

1) ① 1000Hz : (25dB) 이상
   ② 2000Hz : (30dB) 이상
   ③ 4000Hz : (35dB) 이상

224 | 보호구·방열보호구

방열복을 보여주고 있다.

1) 방열복의 질량
2) 방열복 내열 원단의 성능시험 3가지 작성
3) 방열복의 시험성능기준 빈칸 작성

1)

종류	질량(단위 kg)
방열상의	①
방열하의	②
방열일체복	③
방열장갑	④
방열두건	⑤

3)
난연성
- 잔염 및 잔진 시간이 (①)초 미만이며, 녹거나 떨어지지 않아야 하며, 탄화길이는 (②) mm 이내 일 것

절연저항
- 표면과 이면의 절연저항이 (③) ㏁ 이상일 것

내열성
- 균열 또는 부풀음이 없을 것

1) ① 3.0 이하
　② 2.0 이하
　③ 4.3 이하
　④ 0.5 이하
　⑤ 2.0 이하

2) ① 내열성 시험
　② 내한성 시험
　③ 난연성 시험
　④ 절연저항 시험
　⑤ 인장강도 시험

3) ① 2초
　② 102mm
　③ 1㏁

225-226
보안면

225 | 보호구·보안면

용접용 보안면을 보여주고 있다.

1) 용접용 보안면의 등급 기준
2) 용접용 보안면의 투과율 종류 3가지

1) ① 차광도 번호

2) ① 시감 투과율
   ② 적외선 투과율
   ③ 자외선 최대 분광 투과율

226 | 보호구·보안면

1) 보안면의 채색 투시부의 차광도 구분하여 투과율 빈칸 작성

차광도	투과율
밝음	①
중간밝기	②
어두움	③

1) ① 50±7 %
   ② 23±4 %
   ③ 14±4 %

안전·보건 표지

금지표시

출입금지	보행금지	차량통행금지	사용금지	탑승금지

금연	화기금지	물체이동금지		

경고표시

인화성물질 경고	산화성물질 경고	폭발성물질 경고	급성독성물질 경고	부식성물질 경고

방사성물질 경고	고압전기 경고	매달린 물체 경고	낙하물 경고	고온 경고

저온 경고	몸균형 상실 경고	레이저광선 경고	발암성·변이원성·생식독성·전신독성·호흡기 과민성 물질 경고	위험장소 경고

지시표시

보안경 착용	방독마스크 착용	방진마스크 착용	보안면 착용	안전모 착용

귀마개 착용	안전화 착용	안전장갑 착용	안전복 착용	

안내표시

녹십자표지	응급구호표지	들것	세안장치	비상용기구

비상구	좌측비상구	우측비상구		

초판발행	2025년 02월 25일
저　자	한혜윤
편 저 자	이용연, 이윤재, 조훈상, 윤성필
도움주신분	허동우, 김선우, 이수진
책 디자인	김주희
발 행 처	도서출판 나눔
주　소	부산광역시 연제구 연수로 110
이 메 일	nanumcbt1001@naver.com
홈페이지	www.nanumcbt.com
정　가	39,000원
ISBN	979-11-991028-0-4

이 책 내용의 일부 또는 전부를 재사용하려면
반드시 도서출판 나눔의 동의를 얻어야합니다.